LE SIGNE DE L'HUMAIN

Une philosophie de la technique

Du même auteur

Introduction à l'histoire des ingénieurs, APPS, Bruxelles.
Nouvel abrégé d'histoire des mathématiques, Vuibert, Paris.
De l'outil à la machine, Vuibert.
De la machine au système, Vuibert.
Penser la matière, Vuibert.
Mathématique et vérité, L'Harmattan, Paris.

Jean C. Baudet

LE SIGNE DE L'HUMAIN

Une philosophie de la technique

L'Harmattan
5-7, rue de l'École-Polytechnique ; 75005 Paris
FRANCE

L'Harmattan Hongrie
Könyvesbolt
Kossuth L. u. 14-16
1053 Budapest

Espace L'Harmattan Kinshasa
Fac. Sciences. Soc, Pol. et Adm.
BP243, KIN XI
Université de Kinshasa – RDC

L'Harmattan Italia
Via Degli Artisti, 15
10124 Torino
ITALIE

L'Harmattan Burkina Faso
1200 logements villa 96
12B2260 Ouagadougou 12
BURKINA FASO

http://www.librairieharmattan.com
harmattan1@wanadoo.fr

ISBN : 2-7475-9044-5
EAN : 9782747590440

INTRODUCTION

La conscience contemporaine pour se désaliéner, pour passer de l'ère des idéologies à l'ère des rationalités, doit inclure la pensée technique dans l'ensemble humain.

(Jean-Marie Auzias,
La philosophie et les techniques, 1964)

La technique, disait Jacques Ellul en 1954, est « l'enjeu du siècle ». Sa réflexion sur « la machine » ou sur « le système technicien » n'était pas nouvelle, et l'on peut faire débuter au moment même de la « révolution industrielle » l'histoire des discours pour, et plus souvent contre, le « progrès technique ». Asservissement de l'homme par la machine, chômage technologique, déshumanisation par robotisation, dégradation du milieu naturel, menace d'altération de l'essence de l'homme, risque même d'anéantissement de l'humanité... De nombreux littérateurs, dont Ellul fut un des plus prolixes, ont multiplié les ouvrages sur le sujet, développant ces différents thèmes, restant le plus souvent au niveau de l'observation littéraire, journalistique ou sociologique. Ouvrages très intéressants d'ailleurs, car ils alimentent un épais dossier à charge et à décharge.

Mais l'exigence philosophique dépasse la simple considération de l'importance du phénomène technique et la constatation naïve de son effet sur l'histoire. Il s'agit de voir ce que la technique dévoile, ce que le fait même pour l'homme d'être *faber* avant d'être *sapiens* implique. Si la technique est encore l'enjeu de notre siècle comme elle fut celui du XXème siècle, il faut l'étudier sérieusement. Or, la technique, c'est l'objet. La technique n'est pas « produite » par l'homme, elle est « révélée » par l'homme, comme possibilité de satisfaire ses désirs et ses besoins, mais de manière limitée. Ce n'est pas l'homme qui « conçoit » des outils, des machines et des systèmes, c'est l'objet qui permet à l'homme de construire d'une certaine manière des outils, avec un certain rendement des machines, et avec une efficacité définie des systèmes. Contrairement à l'artiste (nous devrons revenir sur la différence entre art et technique), l'ingénieur ne peut pas faire *n'importe quoi*. Toute invention est une découverte.

Mais si la technique est l'objet – ce qui depuis des siècles de méditation philosophique se distingue du sujet – il faut se souvenir de cette phrase d'Edmond Husserl, dans sa première leçon du cours de 1907 *Die Idee der Phänomenologie* : « *Avec l'éveil de la réflexion sur le rapport entre la connaissance et l'objet, s'ouvrent des abîmes de difficultés*[1] ». Et il faut aussi se souvenir des enseignements de Heidegger. L'inventeur du *Dasein* savait bien qu'être-au-monde, c'est faire usage de quelque chose (notamment des outils). Si Descartes, encore formé par la scolastique médiévale religieuse, voit dans la pensée la source de l'existence, Heidegger formule dans son style à la fois scolaire et romantique les idées du matérialisme des XVIIIème et XIXème siècles : c'est l'existence (du monde) qui est la source de la pensée. C'est parce qu'il y a quelque chose, un *déjà-là* – des besoins, et des outils, ou du moins des possibilités d'outils – que je pense. L'objet est la source, ou du moins l'occasion, de l'avènement du sujet. La technique n'est pas faite par l'homme. C'est la technique qui a fait l'homme. C'est en tout cas notre interprétation de cette phrase de Heidegger dans *Sein und Zeit* : « *Le terme phénoménologie exprime une maxime qu'on peut ainsi formuler : droit aux choses mêmes ! – pour l'opposer à toutes les constructions échafaudées dans le vide*[2] ».

Il ne faut pas étudier la condition humaine – le *Dasein* – à partir du vide de la « pensée pure », mais à partir du concret – les choses mêmes – que sont les outils, les machines et les

---

[1] Nous citons d'après la traduction d'Alexandre Lowit : E. Husserl, *L'idée de la phénoménologie*, PUF, Paris, 1970. Cfr p. 39.
[2] M. Heidegger : *Etre et temps*, Gallimard, Paris, 1986, p. 53.

systèmes, eux-mêmes reflets des besoins et de la finitude de l'homme. « *Au sein même du Dasein*, dit ailleurs Heidegger[3], *et donc aussi dans l'entente de l'être qui est la sienne se produit cette sorte de réverbération ontologique qui fait que* (…) *l'entente du monde se répercute sur l'explicitation du Dasein.* » Comprendre l'homme, c'est d'abord comprendre le monde, et comprendre ce que ce monde lui *permet* comme action. Citons encore Heidegger : « *Les Grecs avaient pour les choses un terme très juste : πραγματα, c'est-à-dire ce à quoi on a affaire dans le commerce qu'instaure la préoccupation (πραξις)*[4] ».

Nous tenterons donc une analyse de l'objet par l'examen de la praxis – autre mot pour dire la technique – et pour fonder, ou du moins contribuer à fonder non des espérances, mais un savoir sur la condition humaine. Notre entreprise rencontrera *des abîmes de difficultés*. Mais peut-être qu'en allant aux choses mêmes, en nous défiant *des constructions échafaudées dans le vide*, nous arriverons à quelques *idées*.

Il est peut-être utile d'avertir le lecteur que notre réflexion sur le fait technique a beaucoup évolué depuis que nous avons fondé la revue *Technologia* en 1978 [5].

En avril 1978, alors que le premier numéro de ma revue sortait de presse, le beau livre de Bertrand Gille *Histoire des techniques* venait tout juste de paraître[6]. Le monde francophone ne disposait à cette époque, pour avoir une idée générale de la technique (en dehors évidemment de l'énorme littérature spécialisée des ingénieurs, peu accessible aux non-techniciens), que de l'ouvrage, d'ailleurs magistral, de Maurice Daumas, l'*Histoire générale des techniques*, dont les volumes 1 (1962), 2 (1964) et 3 (1968) étaient déjà en librairie[7]. Quant à la philosophie de la technique, elle était, du moins en France, moins fréquentée encore que l'histoire des techniques, qui

---

[3] M. Heidegger, *op. cit.*, p. 41.

[4] M. Heidegger, *op. cit.*, p. 104.

[5] Elle cessera de paraître en septembre 1989.

[6] Dans la collection de la *Pléiade*, à la fin du mois de mars 1978.

[7] Le volume 4 sortira de presse en septembre 1978 et le volume 5, le dernier de l'ensemble, en mars 1979.

pouvait au moins se baser sur le travail, cumulant déjà une longue tradition, des archéologues, des ethnographes, et des préhistoriens. Notons cependant que ni l'archéologue, ni l'ethnographe, ni le préhistorien ne considèrent la technique comme l'objet de leurs recherches : ce sont des historiens des techniques malgré eux.

Vers 1978, donc, je pensais que la technique et la technologie (d'où le titre de ma revue) étaient « aussi » importantes que la science. Puisque la réflexion philosophique sur la science existait de longue date, sous le nom d'épistémologie, il me paraissait utile d'envisager le développement d'une réflexion philosophique en quelque sorte vicariante sur le fait technique.

Près de trente ans plus tard, d'abondantes lectures et une charge d'enseignement d'histoire et d'épistémologie des techniques[8] m'ont convaincu que la technique est « beaucoup plus » importante que la science. J'ai lancé le slogan « la technique est le signe de l'humain »[9] et j'en suis arrivé à l'idée que la technique n'est pas une production culturelle parmi d'autres (la science, la religion, l'art, l'organisation socio-politique...), mais qu'elle est la source même de l'humanité – qu'elle est l'être du *Dasein*, pour reprendre la terminologie heideggerienne. L'objet – ce qui reste quand le sujet disparaît – pour le dire autrement.

J'ai tenté, dans ce petit livre qui n'a évidemment pas la prétention de faire la recension complète de toute la littérature – philosophique ou sociologique – parue sur le rapport entre la technique et l'homme, de tenir compte des ouvrages (surtout américains) de plus en plus abondants sur la double question de la *valeur* de la technique et de son *impact* sur l'humanité.

Quelle est la *valeur* de la technique ?

Quel est son *effet* sur l'homme ?

---

[8] De 1985 à 1993, dans le cadre du Programme interuniversitaire d'histoire des sciences et des techniques (institué en Belgique à l'initiative de Robert Halleux, de l'Université de Liège).

[9] Cette expression apparaît pour la première fois en décembre 1994, formant le titre d'une interview que j'avais accordée à la revue *IBM Informations*.

Voilà en somme les deux questions du présent livre, formulations plus simples de notre questionnement ontologique sur l'objet.

C'est donc une « critique de la raison technicienne », si l'on veut le dire ainsi, que nous tâcherons de construire.

On me permettra de signaler que ce travail est un prolongement de mes recherches historiennes[10]. Etudier la praxis, c'est étudier l'histoire des hommes, ou du moins l'histoire des rapports de l'humanité avec ses besoins et les limites de son environnement. C'est bien de l'histoire des techniques qu'il s'agit, qui est en effet ce « retour aux choses mêmes » que demandaient Heidegger, et Husserl avant lui.

---

[10] Voir notamment mon *Introduction à l'histoire des ingénieurs*, APPS, Bruxelles, 1987, et mon histoire des techniques, parue en deux volumes chez Vuibert, Paris : *De l'outil à la machine* (2003) et *De la machine au système* (2004).

QU'EST-CE QUE LA TECHNIQUE ?

Mais c'est la création d'un univers concret, distinct de la nature, qui est le don royal de l'espèce humaine. La bête sans mains, même dans les plus hautes réussites de l'évolution, ne crée qu'une industrie monotone et reste sur le seuil de l'art. Elle n'a pu construire ni son monde magique ni son monde inutile.

(Henri Focillon, *Eloge de la main*, 1943)

L'homme doit d'abord, comme n'importe quel animal, manger pour vivre. C'est sans doute cette référence inévitable à l'animalité qui explique que la tradition intellectuelle occidentale réserve peu de place au fait technique. Nous reviendrons sur cette forclusion de la technique par l'intelligentsia, mais il nous faut d'abord définir.

Qu'est-ce, exactement, que la technique ?

C'est l'action.

Une action sur la matière

Toute volition suivie de réalisation (ou d'essai de réalisation) par la mobilisation du système sensori-moteur (nerfs et terminaisons sensorielles, masse musculaire et son support osseux) est, *chez l'homme*, technique. Il y a des volitions qui ne sont que des rêveries, qui éventuellement aboutissent à des productions figurées (le dessin), chantées (la musique) ou parlées (la poésie), mais on ne peut alors mettre ces volitions dans le domaine technique, puisqu'il ne s'agit pas de réalisations, mais de pseudo-réalisations. L'homme préhistorique qui abat un mammouth et en consomme la viande effectue un geste technique. Le même qui dessine un mammouth sur la paroi d'une caverne et qui espère jouir de la viande de son gibier n'est pas encore dans la technique : il est dans la magie (baptisée art par les préhistoriens qui découvriront ces graffitis). Encore l'opposition n'est-elle pas aussi tranchée entre magie et technique, de même que nous verrons que la « réalisation » n'est pas strictement attachée à la mise en mouvement du système sensori-moteur. Notre définition n'est que provisoire, nous l'affinerons au cours de notre enquête. Mais pour commencer, retenons ceci, qui est bien le résultat de l'observation « des choses mêmes » : l'homme est dans la technique quand il veut combler un besoin, et que sa tentative implique une activité, apparemment « manuelle » (nous corrigerons plus loin), et une action sur la « matière ».

Et ce besoin est d'abord un besoin alimentaire, ou plus généralement un besoin *lié à la conservation de l'individu* : acquisition de nourriture, en effet, mais aussi diverses opérations de protection vis-à-vis d'agressions externes, contre le climat ou contre les prédateurs.

Un point essentiel est que nous limitons la technique à l'homme.

Tout animal « agit » pour obtenir sa nourriture, c'est même ce qui distingue l'animal du végétal, dont la nutrition est passive. Et l'on a parfois parlé de « technique » chez les insectes sociaux, qui en effet construisent, chez les araignées (les toiles), chez les mammifères les plus divers (constructions des castors, manipulations de morceaux de bois ou de cailloux par les grands singes…), chez les oiseaux (nidification).

C'est un abus de langage. On parlerait aussi bien des « techniques » de la mer, qui fait des dessins sur le sable. Les prétendues techniques des animaux sont caractérisées par leur immuabilité : les générations successives d'araignées construisent toujours des toiles rigoureusement semblables, et les chimpanzés qui, occasionnellement, prennent une pierre pour écraser un fruit coriace ne le font pas autrement que leur lointain ancêtre qui savait déjà aussi, à l'occasion, utiliser (transformer en « outil ») un caillou.

Cette spécificité humaine de la technique n'est plus guère discutée, mais nous devons y insister. Jean Brun, par exemple, notait déjà en 1963 : « *il importe de dissiper le malentendu, souvent entretenu par des psychologues, selon lequel des animaux seraient capables d'utiliser des outils rudimentaires. Les « sociétés » animales ignorent totalement l'utilisation, la fabrication et la conservation de l'outil ; les singes anthropoïdes eux-mêmes ont, dans les meilleurs cas, utilisé des instruments tels que des cannes ou des caisses, mais ils n'ont jamais mis ces instruments en réserve en prévision d'un futur où ils pourraient à nouveau les utiliser*[11] ».

A propos d'*utiliser*, rappelons-nous déjà, mais il faudra y revenir, que Heidegger, dans *Sein und Zeit* (1927), avait forgé le concept d'*util*. Voici le passage où le concept est introduit[12]: « *L'étant se rencontrant dans la préoccupation, appelons-le l'util. Dans le commerce avec l'étant au sein du monde se rencontrent des utils pour écrire, des utils pour coudre, des outils, des utils de transport, des utils de mesure. Il faut dégager le genre d'être de l'util.* »

Et plus loin, le maître du *Dasein* précise utilement : « *Par essence l'util est « quelque chose qui est fait pour... »* (...) *Taper à coup de marteau, rien de tel pour dévoiler la « manualité » spécifique du marteau. Le genre d'être de l'util dans lequel il se manifeste de lui-même nous l'appelons l'utilisabilité.* »

Tant que nous sommes dans les citations, relevons aussi ce passage très caractéristique d'un important texte de Bachelard [13]: « *La plus grande conquête morale que l'homme ait jamais faite, c'est le marteau ouvrier. Par le marteau ouvrier, la violence qui détruit est transformée en puissance créatrice. De la massue qui tue à la masse qui forge, il y a tout*

---

[11] J. Brun : *La main et l'esprit*, PUF, Paris, 1963, p. 91.
[12] M. Heidegger : *op. cit.*, p. 104.
[13] G. Bachelard : *La terre et les rêveries de la volonté*, José Corti, Paris, 1948.

le trajet des instincts à la plus grande moralité. La massue et la masse forment un doublet du mal et du bien. »

Dénonçons au passage le moralisme de Bachelard. Il n'y a pas, ontologiquement, de différence entre un marteau qui tue et un marteau qui façonne. Dans les deux cas, c'est un *util* qui sert à répondre à un *besoin* : modeler par forgeage une pièce de métal, enfoncer un clou, abattre un animal dont on mangera la viande, ou se débarrasser d'un ennemi. Ce n'est pas plus « mal » de manger que ce n'est « bien » d'enfoncer des clous.

On voit ici à l'œuvre, dans la pensée de Bachelard, cette propension assez répandue chez l'homme à confondre l'éthique et l'ontique. Ce qui est doit d'abord être décrit tel quel (le retour *aux choses mêmes*), sans le surcharger d'appréciations de « mal » ou de « bien ». Il n'y a pas plus de bons et de mauvais marteaux qu'il n'y a de bons et de mauvais animaux, ou de bons et de mauvais cailloux. Nous irions même jusqu'à dire que la distinction entre « arme » et « outil » est superflue, qu'elle est un symptôme d'une déficience de l'analyse, et qu'elle indique exemplairement cette illusion humaine de vouloir projeter dans un ciel de « valeurs » de simples tendances sentimentales.

La vraie technique, que l'on ne rencontre que chez l'homme, est perfectible. Et nous devons déjà améliorer notre définition. La technique est une volition suivie de réalisation par le système sensori-moteur, *et susceptible d'être perfectionnée*. De manière que la réalisation soit plus conforme à la volition. Que le besoin soit « mieux » satisfait.

La partie du système sensori-moteur la plus utilisée par l'homme est constituée par ses mains, d'où la « manualité » de Heidegger. L'homme peut utiliser son front ou son épaule pour pousser, voire pour frapper, il peut utiliser ses mâchoires ou ses pieds pour briser ou pour attendrir, mais c'est surtout ses mains qu'il emploie pour les actions les plus variées.

On sait que toute une littérature a été consacrée à la main, désignée comme une caractéristique de l'homme. Cela remonte en fait à Aristote, et la question est bien développée, par exemple, dans le traité de Galien *Sur l'utilité des parties du corps*, texte datant de la fin du IIème siècle de notre ère, et les anatomistes du XIXème siècle ont abondamment écrit sur la comparaison entre la main de l'homme et l'organe équivalent des autres mammifères. Chez ces anatomistes, après Darwin, l'idée sera souvent développée que c'est par l'acquisition de la station debout au cours de l'évolution que la « libération de la main » va permettre l'hominisation[14].

En 1963, Jean Brun soutient à l'Université de Paris une thèse intitulée *Prendre et comprendre*[15]. Cet ouvrage est d'un grand intérêt pour notre sujet. Toute la question est, une fois encore, de décider entre idéalisme et matérialisme : « *Poser le problème de savoir*, dit Jean Brun, *si du prendre au comprendre la conséquence est bonne, ou si elle l'est, tout au contraire, du comprendre au prendre* ».

Et plus loin, l'auteur déclare : « *Prendre et comprendre ne sont ni des activités purement mécaniques, ni des spéculations purement intellectuelles, ce sont des aspects de cet effort de l'homme pour se récupérer et se saisir lui-même* ».

Citons encore cet autre passage, où Brun résume la position d'Aristote : « *Nous sommes donc ici en présence d'une philosophie qui, malgré tout le mépris qu'elle peut afficher à l'égard du travail manuel, fait de la technique, non plus une sorte de don octroyé aux hommes par des dieux compatissants*[16]*, mais une conquête de la main. Parce qu'elle peut changer d'outil et avoir ainsi une activité polytechnique, la main donne à l'homme la possibilité de devenir le maître de la nature.* »

[14] Voir aussi l'admirable texte d'Henri Focillon : *Vie des formes, suivi de l'Eloge de la main*, PUF, Paris, 1943.

[15] *Prendre et comprendre. Essai sur les rapports de la main et de l'esprit*, PUF, Paris, 1963. Notons que, chose assez inhabituelle, le même texte *ne varietur* paraîtra, sous un titre différent, la même année, chez le même éditeur : *La main et l'esprit*, PUF, Paris, 1963, ouvrage que nous avons déjà cité. Jean Brun publiera encore, en 1968, *La main*, Robert Delpire, Paris, qui est une méditation esthétisante sur le sujet.

[16] Brun fait ici allusion à l'exposé de Platon, dans le *Timée*, sur l'origine des techniques.

Malgré les efforts soutenus de Jean Brun pour mettre en évidence l'intervention de l'intelligence dans l'acte technique, l'idée continue de dominer que la technique est « manuelle ».

Nous rencontrons ici une deuxième raison de la forclusion de la technique par les « intellectuels ». D'abord, l'homme pensant ne veut pas être pris pour un animal, et il évacue de sa conscience et de ses productions discursives toute allusion à son animalité. La technique est ainsi ignorée, dans un premier temps, parce qu'elle révèlerait que l'homme a un corps et des besoins d'ordre matériel. On ne parle pas plus de technique chez les hommes fiers de leur humanité qu'on ne parle de corde dans la maison d'un pendu.

Ensuite, le penseur, qui ne peut indéfiniment ignorer qu'il y a des boulangers qui font du pain, des maçons qui construisent des maisons et des potiers qui fabriquent des vases, découvre – ou croit découvrir – que ces activités sont « manuelles », distinctes donc de la sienne qu'il prétend « intellectuelle ». Dans un deuxième temps, donc, la technique est reconnue, il le faut bien, mais dévalorisée : on oppose les « beaux-arts » aux arts « mécaniques », ou les arts « libéraux » aux activités « manuelles », ou les productions « culturelles » aux productions « utilitaires », ou les citoyens aux esclaves. Car évidemment, les manuels sont les esclaves, n'ayant pas droit de cité. Ce deuxième temps, c'est l'époque glorieuse – encore toujours valorisée par les penseurs – de la Grèce de Platon et d'Aristote.

Cette assimilation de la technique aux activités manuelles est évidemment fallacieuse. Reprenons le début de notre définition : volition suivie de réalisation faisant intervenir le système sensori-moteur, et dès lors intervenant sur le monde extérieur « matériel ». C'est bien le système sensori-moteur qui est concerné, et donc l'activité technique a, indiscutablement, un aspect manuel. Mais volition d'abord ! Il y a d'abord, dans tout acte technique, un besoin ressenti, le désir de le satisfaire, et le développement d'une stratégie pour y parvenir, par l'accomplissement d'un ensemble coordonné de gestes. Entre l'épreuve du besoin et les premiers gestes (manuels, en effet), il y a toute la chaîne psychique qui va de la prise de conscience à la décision d'agir, et qui est une réflexion, une activité indéniablement intellectuelle. Le boulanger le plus ignare, le maçon le plus inculte, le potier le plus dépourvu de toutes préoccupations intellectuelles *réfléchissent* avant de pétrir, de prendre une brique ou une motte de terre glaise. Il faut vraiment n'avoir jamais pris le moindre objet en main pour oser dire qu'une activité technique est « manuelle », au sens de dépourvue de toute intervention de l'intelligence. Au contraire, les perceptions à décoder, les opérations à imaginer, les mesures à prendre sont bien complexes, ne serait-ce que pour faire un pain ou pour construire le plus simple des pots en terre.

C'est même justement cette intervention de l'intelligence qui distingue la technique des activités animales dont nous avons parlé ci-avant, qui ne font intervenir que l'instinct.

Il ne faut pas négliger ici le risque de cercle vicieux : définir l'outil par l'intelligence, et distinguer l'intelligence de l'instinct par l'outil. Mais si en effet il est problématique de situer la limite entre instinct et intelligence, cela n'élimine pas la nécessité de distinguer. Au sens où l'entendent les psychologues et les cogniticiens, le comportement humain est bel et bien *intelligent*.

Volition suivie de réalisation donc, mais volition suivie d'abord de réflexion : la technique est une activité *intellectuelle* d'action sur la matière.

C'est même la toute première activité intellectuelle. Faut-il vraiment rappeler que l'homme a décortiqué des fruits, écrasé des insectes, découpé des ventres de gazelles ou de mammouths bien avant de développer des théories, de construire des modèles mathématiques et d'écrire des livres ?

Une action sur la matière. Ici encore, il faut prendre garde à ne pas tomber dans une autre opposition naïve, celle qui distingue la technique « roturière » et la pensée « noble », opposition parallèle à celle du « manuel » et de l'« intellectuel ». Si l'on admet que la technique est de nature intellectuelle, et que l'on précise que son action concerne la matière, l'on sera tenté de rabaisser à nouveau la technique en la confinant au domaine « matériel », « vulgaire », par opposition aux activités (la religion, l'art, la science) qui concerneraient le domaine « noble », voire « spirituel ».

On peut ici mener la discussion de deux manières. On pourrait se placer d'emblée dans la tradition de pensée qui nie toute spiritualité, qui accepte le matérialisme philosophique, et alors évidemment, si ni Dieu ni l'âme humaine n'existent, aucune activité de l'homme, aussi valorisée soit-elle par les discours, n'est « spirituelle ». Tout est alors matière, toute activité a une fin matérielle, toute œuvre humaine est technique. Certes, les discours sur la matière (constituant la philosophie ou la science) ne sont pas, semble-t-il, matériels au même titre que les choses dont ces discours parlent : un livre d'astronomie n'a pas, en tant que texte, si l'on veut, la matérialité des planètes, des étoiles, ou du papier. L'on dira que ces discours sont symboliques, et l'on opposera la pensée symbolique aux réalités matérielles. C'est assez naïf. Il n'y a des symboles que parce qu'il y a des choses à symboliser ! Et la mathématique la plus abstraite, la philosophie la plus éthérée, dans le cadre du matérialisme, ne sont que des mots à propos de choses[17]. Pouvoir parler des choses n'enlève pas à l'homme sa matérialité. Car il parle avec ses organes phonatoires. Et il pense avec son cerveau.

Le marxisme, l'existentialisme athée, le structuralisme, la psychanalyse, pour ne prendre que quelques mouvements intellectuels parmi les plus en vue qui ont le matérialisme pour origine, devraient donc admettre cette primauté de la technique. Curieusement, il n'y a que le marxisme, parmi ces mouvements, qui accorde quelque attention à la technique, et encore ne le fait-il qu'à contre-cœur, se souciant plus des hommes (leur « conscience », sinon leur âme) animant les outils que des outils eux-mêmes. Quant à la psychanalyse, à l'existentialisme et aux divers autres courants récents du matérialisme, c'est comme si leurs plus récents penseurs avaient oublié le point de départ de la pensée moderne : l'homme est un résultat de l'évolution animale, il n'échappe pas aux déterminations de la matière. Et

---

[17] Sur la pensée mathématique, voir notre livre *Mathématique et vérité*, L'Harmattan, Paris, 2005.

l'on oublie curieusement que toute action humaine vise précisément à modifier cette matière qui constitue le seul environnement de l'homme, en vue de la satisfaction de ses besoins.

N'est-il pas surprenant que Freud, que Husserl, et surtout que Sartre aient attaché si peu d'importance au fait technique ? Au XXème siècle, le siècle justement où la technique n'est plus à l'abri du regard des penseurs, cachée au fond des ateliers et des manufactures comme elle le fut durant des siècles, mais où elle devient technologie et se montre partout, plus « spectaculaire » que jamais : radio, télévision, robots, voitures automobiles, avions ?...

A vrai dire, nous l'avons vu, il y eut Heidegger. Dès *Sein und Zeit*, il perçoit l'*util* comme un signe important de son « herméneutique ». Mais malgré la prise en compte des concepts voisins de manualité, d'utilisabilité, d'instrumentalité, la pensée de Heidegger, avant la seconde guerre mondiale, n'accorde finalement que peu de place au fait technique. C'est après l'épisode nazi, comme nous le verrons, que son attention devient plus vive à propos du fait technique. Comme le dira par exemple François Guery [18]: « *L'hostilité équivoque de Heidegger à la technique moderne* (...) *a des racines idéologiques profondes* (...) *Le nazisme est pour lui non une monstrueuse exception ou déviation, mais un prolongement prévisible du mouvement planétaire de la modernité, un épisode du règne des seigneurs de la terre* ». C'est comme si, pour mesurer vraiment l'importance *philosophique* de la technique, Heidegger avait dû contempler la puissance de la machine de guerre « moderne » et les possibilités d'extermination de l'homme par l'homme aidé de la technique[19]. Nous reviendrons sur la pensée de Heidegger après 1945.

Si donc les diverses philosophies liées au matérialisme ont assez peu étudié le fait technique, il faut bien voir que chez les penseurs qui s'inscrivent par contre dans la tradition

---

[18] F. Guery : *Heidegger rediscuté. Nature, technique et philosophie*, Descartes & Cie, Paris, 1995.

[19] Sur les relations entre Heidegger et le nazisme, voir R. Denuit : *Heidegger et l'exacerbation du centre*, L'Harmattan, Paris, 2004.

spiritualiste, avec ou sans religion, la question de la technique est également presque absente.

Car l'on peut examiner la technique dans cet autre cadre de pensée.

Dans ce cas, l'on a bien sûr une ontologie opposant la matière et l'esprit, mais l'on ne peut néanmoins dénier toute « valeur » à la matière, comme au temps des Manichéens. Si, dans le cadre de cette vision du monde, l'on admet que l'homme est formé d'un corps et d'une âme, l'on accorde tout de même beaucoup d'importance au corps.

Car il ne faut pas longtemps pour remarquer que les discours des plus spiritualistes des penseurs de notre temps attachent au corps, à la matière, une importance considérable. Que veulent-ils d'ailleurs, dans leurs revendications d'un monde « plus juste », sinon de la nourriture, des médicaments, des salaires, des habitations, des congés payés et des infrastructures culturelles et sportives… Ils veulent des objets matériels. Du pain et des jeux.

La plupart ne se rendront pas compte qu'il s'agit d'objets *techniques* !

La situation est finalement comique, en tout cas elle est ridicule : des penseurs, au nom du spirituel et dans le mépris le plus total de l'activité « matérielle » des techniciens et des industriels, veulent de la nourriture « pour tous », des habitations « pour tous », des soins de santé « pour tous », etc. Mais *qui* va *produire* cette nourriture, *construire* ces habitations, *organiser* ces soins, sinon des *techniciens* ? L'a-t-on assez remarqué : les revendications des penseurs, même et peut-être surtout des plus spiritualistes d'entre eux, sont *toujours* des revendications matérielles ? Ils ignorent la technique, ils la dénoncent parfois, et en même temps ils l'implorent...

Une action « matérielle »

A vrai dire, nous devons approfondir ce rôle de la matière dans le fait technique, car c'est sans doute là que se situe la caractéristique qui en détermine la nature. Avec nos exemples du potier et du boulanger, nous sommes bien d'accord : l'activité technique porte sur la matière, farine de froment ou argile. Et les innovations technologiques les plus récentes, comme la visiophonie avec appareils portables, ou Internet, ou les OGM [20], sont tout autant de nature matérielle : fibres optiques en verre, circuits intégrés en silicium ou en arséniure de gallium, boîtiers en plastique…

Mais si la première invention technique fut l'outil (d'abord en bois, puis en pierre), il faut savoir que la deuxième invention technique fut le langage, et que celui-ci permit, assez rapidement sans doute, une troisième invention technique : l'organisation.

Nous sortons, apparemment du moins, du domaine strictement matériel. Le langage est de l'ordre du symbole, et l'organisation est plus « abstraite » encore, puisqu'il s'agit de « relations » entre des hommes.

Mais ce n'est qu'une apparence. Le langage n'est qu'un moyen (exactement comme n'importe quel outil est un moyen) pour passer d'une volition à une réalisation. Ici, la volition est un certain contenu de conscience, et la réalisation est la transformation de ce contenu en une entité nouvelle qui l'objective et permet de s'en servir, de le « manipuler ». Quand l'homme invente le langage, il réalise le besoin d'exprimer ses idées, de donner à celles-ci une base matérielle, même si elle est aussi peu matérielle en apparence qu'une suite de sons (ou, plus tard, une suite de dessins).

La place nous manque pour réfléchir ici sur l'origine du langage. L'homme l'a-t-il inventé d'abord pour *nommer* les

---

[20] Les organismes génétiquement modifiés constituent l'aboutissement le plus achevé de la pensée technicienne. Le technicien n'agissait guère que sur la matière inerte. Le technologue modifie désormais la matière vivante. Pour certains esprits encore situés dans la mouvance romantique, c'est évidemment un « sacrilège ». Il faut se souvenir que Mary Shelley a écrit *Frankenstein or the modern Prometheus* en 1818, et il faut considérer l'immense retentissement de ce récit dans l'imaginaire occidental. Noter aussi la référence très significative au mythe de Prométhée. Il fut un temps où les Français refusaient de manger des pommes de terre, réputées impropres à la consommation humaine…

choses, ou pour les *désigner* ? Dans le premier cas, le besoin à satisfaire est celui de l'expression. Peut-être que les premiers éléments du langage furent des productions sonores liées à divers états émotifs, sans nécessairement souci de communication avec d'autres ! Le langage ne serait pas, du moins au début de sa longue histoire, un outil de communication. Par contre, si l'on admet que l'invention du langage avait pour but de désigner les choses, il s'agissait évidemment de les désigner *à quelqu'un*, et donc il s'agit alors bien de communication.

Mais il s'agit bien de technique. Que le langage soit une structure « psycholinguistique » ou « sociolinguistique », c'est une structure inventée – de génération en génération – par l'homme, une structure d'origine matérielle, visant à satisfaire certains besoins, et perfectible. C'est un outil.

Car les sons ne sont pas immatériels : on peut les entendre.

Nous retrouvons ici les Grecs, et la technophobie. Ce sont les Grecs qui ont surdéterminé le langage, en imaginant l'idée de λογος, et en le croyant immatériel. Et ce λογος a tellement frappé les imaginations que l'on s'en est servi pour opposer les activités liées au langage (et les métiers correspondants : politicien, avocat, médecin, commerçant, officier...) et les autres, « manuelles », que l'on croit ou que l'on prétend muettes. Et du mutisme à l'inintelligence, il n'y a que la volonté d'abaisser l'artisan, le simple soldat, le cultivateur, l'homme qui travaille *directement* la matière.

Et pour les Grecs, et pour leur postérité, il y aura les hommes du λογος, et les sous-hommes de la τεχνη. Juste retour des choses, quand λογος et τεχνη se rencontreront (il faudra des siècles et des siècles), quand naîtra la techno-logie, celle-ci sera seule à pouvoir donner aux hommes, sinon le bonheur total et la justice universelle, au moins des solutions efficaces à certains de leurs besoins.

Mais d'où vient cette efficacité ?

C'est la question que nous posons dans ce livre. Mais avant de nous y attaquer, approfondissons la « matérialité » de la technique.

Si l'on considère l'activité des ingénieurs d'aujourd'hui, l'on constate d'abord qu'elle n'a rien de manuel. L'ingénieur calcule, dessine, rédige. S'il dessine un pont, ce n'est pas lui qui porte les briques ou qui coule le béton. S'il dessine une locomotive, ce n'est pas lui qui serre les boulons ou qui courbe les tôles. Et justement, si dans une activité productrice il y a des ingénieurs et des ouvriers, c'est précisément dans l'activité des ingénieurs que réside réellement la technique. Les ouvriers ne sont à vrai dire que des exécutants des desseins-dessins des ingénieurs, et d'ailleurs on les remplace de plus en plus par des machines. Preuve s'il en fallait encore que la technique est bien une activité intellectuelle.

Mais c'est une activité matérielle. C'est-à-dire que toujours, directement ou indirectement, elle a la matière pour support.

C'est l'évidence avec les techniques les plus anciennes : la cueillette et la chasse sont des activités où il s'agit d'obtenir de la matière nutritive. Le travail du bois, de la pierre, du métal, des plastiques est évidemment de nature matérielle. Et les calculs des ingénieurs sont encore « matériels » quand ils concernent des ponts, des locomotives, des avions ou des ordinateurs. Mais est-ce là toute la technique ? Encore une fois, examinons l'activité actuelle des ingénieurs. Untel fait du *management*, tel autre du *marketing*, un troisième s'occupe de brevets, un quatrième développe un système logiciel...

On pourrait dire que ces activités, non matérielles à première vue, sont matérielles par le fait qu'elles concernent d'autres activités qui elles comportent un élément matériel bien défini. L'ingénieur de *management*, qui organise l'activité d'une entreprise, travaille peut-être pour une société sidérurgique ou pour une fabrique de produits textiles. Matière, de nouveau. Et l'ingénieur qui s'occupe de brevets examine des demandes de brevets pour des inventions bien matérielles : nouvelle matière plastique, nouvelle machine à fraiser ou à découper, etc.

Ainsi donc, la référence de nos ingénieurs est toujours, directement ou indirectement, la matière. Soit qu'ils la transforment. Soit qu'ils agissent d'une manière abstraite mais en vue de transformations matérielles. Soit enfin qu'ils agissent, si j'ose dire, totalement dans l'abstrait, mais avec les réalités de la matière comme *background* de leurs prises de décision.

Par activités « totalement dans l'abstrait », je pense à certaines activités que les économistes appellent des « services » : enseignement, par exemple. Ces économistes parlent d'ailleurs de ressources « immatérielles » quand ils décrivent les ressources d'une entreprise telles que le niveau de formation de ses collaborateurs, ses méthodes de travail, ses systèmes logiciels, etc. Elles sont en effet d'un autre ordre que les bâtiments, les machines et les capitaux.

L'enseignement est-il une activité technique ? Ou, pour le dire autrement, est-il une activité matérielle ?

Apparemment pas. Qu'y a-t-il de matériel dans un cours de philosophie, ou dans un cours de droit civil ? L'enseignant énonce un texte, et vérifie (par des questionnements, par un dialogue) que les enseignés ont bien compris le sens de ce texte. Nous avons ici une activité purement verbale, linguistique, symbolique, mais certainement pas matérielle.

Nous ne le contestons pas. Mais voyons les choses en ingénieur. De quoi s'agit-il ? De réaliser un transfert de connaissances. D'amener un certain auditoire d'un état 1 (l'ignorance, disons de la philosophie grecque) à un état 2 (la connaissance de la philosophie grecque). Est-ce tellement différent du cas de notre ingénieur des ponts et chaussées qui doit passer d'un état 1 (une rivière) à un état 2 (la même rivière traversée par un pont) ?

C'est en ce sens que nous disons que toute technique est « matérielle » : elle utilise la matière, ou utilise des idées issues de l'expérience *acquise avec la matière.*

Et alors l'enseignement devient une technique, comme la construction des ponts ou la métallurgie. Pour passer de l'état 1 à l'état 2, il faut adopter une stratégie (faire un plan), tenir compte de contraintes (il faut enseigner dans la langue des étudiants, comme il faut munir le pont de piles suffisamment épaisses pour supporter les charges prévisibles). Dans les techniques « immatérielles », telles que le *marketing*, le *management*, ou l'enseignement, il n'y a pas de matière à transformer, mais il faut tenir compte de toutes sortes de données exactement comme dans les cas de transformations matérielles.

Peut-être est-ce réducteur. Peut-être faut-il, pour enseigner, mettre en oeuvre des qualités qui n'ont rien à voir avec les propriétés de la matière. Nous ne le contestons évidemment pas. Il reste possible que l'enseignement soit une technique qui exige plus que les capacités de l'ingénieur. Mais c'est bien une technique, car il y a une volition au départ, et une réalisation espérée. Il y a un but à atteindre.

Il est intéressant de faire ici une remarque qui est plus que simplement anecdotique. Jusqu'il y a une vingtaine d'années, une des disciplines importantes enseignées dans les écoles d'ingénieurs était la « psychologie du commandement ». C'était clairement distinguer que l'ingénieur était formé à la fois pour façonner la matière (les matières premières…) et pour diriger des hommes. L'on séparait bien le rôle de technicien du rôle de chef, car on n'assimilait pas les hommes à de simples matériaux. Aujourd'hui, il y a dans toutes les écoles d'ingénieurs un cours de « gestion des ressources humaines », que l'on appelle d'ailleurs la GRH. Les responsables de la formation des ingénieurs ont donc bien compris que la même rationalité guide l'emploi des matières premières et l'utilisation des hommes. La technique, c'est autant diriger des collaborateurs qu'assembler des matériaux. Insistons bien. Dans le cadre de pensée « intellectuel-manuel », cela n'apparaît pas clairement. Mais si l'on voit que la technique est l'organisation du réel – de tout le réel – il n'y a plus de raison de distinguer. Une machine peut remplacer un homme. La technique s'intéresse donc autant aux hommes qu'aux machines.

Et dès lors, la politique même, la partie la plus « noble » de la praxis, fait aussi partie de la technique.

Relisons le début d'un des premiers traités de « technique politique », *Le Prince*, de Machiavel (1532). Il est d'ailleurs significatif que cet ouvrage soit contemporain des premiers traités techniques des ingénieurs de la Renaissance. Après avoir rappelé que tous les Etats « *sont ou des républiques ou des principautés* », le célèbre Florentin expose l'objet de son livre : « *j'examinerai comment on doit gouverner ces sortes d'Etats et les conserver* ».

N'est-ce pas très clairement un projet technique : conserver son Etat ? A l'époque où les ingénieurs de la Renaissance[21], y compris Léonard de Vinci, exposent dans de nombreux ouvrages comment on doit creuser des puits, fabriquer des canons et de la poudre, construire des palais et des fortifications, l'*ingénieur* Machiavel expose les techniques de gouvernement. Il a compris que pour dominer les hommes, il faut tenir compte des lois qui régissent les choses, aussi bien les choses « humaines » que les choses « matérielles ».

Et nous devons alors revenir sur une de nos phrases.

Nous avons parlé de productions « figurées, chantées ou parlées » à écarter du domaine technique. Comprenons bien. Nous faisions évidemment allusion à ces situations où les productions n'induisent pas l'effet escompté. Quand quelqu'un subit une émotion pénible, et qu'il tente de s'en dégager par le dessin, le chant ou la parole, nous ne sommes dans la technique que si l'émotion disparaît. Il s'agit alors de thérapeutique (la thérapeutique est bien une technique), plus ou moins efficace. Mais malheureusement souvent ces « productions » ne suffisent pas, et le chagrin reste. Ce n'est pas plus technique que le geste réflexe de celui qui écarte une mouche de la main ou qui tourne la tête pour éviter la lumière éblouissante du soleil.

Mais le dessin, le chant et la parole peuvent avoir pour but de produire des images, des sons ou des textes, en vue d'un public. Cela s'appelle alors technique, ou art, comme on voudra (on sait que le mot grec τεχνη ne fait pas la différence). Bref, produire une symphonie ou une toile recouverte de couleurs vives, ou un poème, c'est de la technique comme la production de couteaux et de fourchettes, ou la fabrication de pantalons en coton et polyester. Les compositeurs, les peintres et les poètes le savent bien : ils doivent observer un minimum de règles, comme l'ingénieur doit tenir compte des règles de la résistance

---

[21] Sur la prolifération des traités techniques aux XVème et XVIème siècles, voir B. Gille : *Les ingénieurs de la Renaissance*, Hermann, Paris, 1964.

des matériaux et de la stabilité des constructions. Le technicien ne fait pas ce qu'il veut, même en musique. On a d'ailleurs, récemment, pour désigner ce type d'activité, forgé l'expression très significative d'*industrie culturelle*.

Voilà donc, et bien sûr c'est un peu rapide, la relation entre la technique et l'art. Nous avons aussi, dans notre préambule, évoqué la magie. Quel rapport entre technique et magie ?

C'est peut-être ici que le caractère matériel de la technique va se manifester le plus clairement. Nous avons évoqué le chasseur préhistorique qui dessine son gibier sur les parois d'une grotte avant de chasser.

Les préhistoriens et les ethnographes connaissent bien ces pratiques magiques que l'on peut qualifier d'envoûtements : le chasseur ne doute pas qu'en dessinant une gazelle il va déjà acquérir un certain pouvoir sur son gibier. Et pour lui, il est tout aussi important de dessiner la gazelle (et sans doute d'exécuter tout un rite pour subjuguer la bête) que de l'atteindre de sa sagaie ou de ses flèches. Il ne distingue pas, comme nous le faisons aujourd'hui, entre la partie magique et la partie technique de son entreprise. A l'origine, magie et technique (au sens actuel) sont confondues, car le primitif n'a pas encore une connaissance suffisante du monde pour distinguer les causes réellement efficaces (les flèches) et les causes supposées (l'envoûtement, expression de son désir de viande).

Mais aujourd'hui, nous voyons que si l'on peut qualifier de technique l'utilisation d'armes de jet, c'est parce que nous sommes convaincus de l'efficacité de ces armes, que nous avons acquis des connaissances sur la matière : nous connaissons l'énergie cinétique du projectile et sa capacité de blesser mortellement un animal. Et nous qualifions de magique toute activité à nos yeux illusoire.

Nous avons donc, à l'origine, des activités diverses (cueillette, façonnage d'outils, envoûtement, chasse, chant, dessin...), pratiquées toutes au même niveau de conscience. Ce n'est que bien plus tard au cours de l'histoire que l'on pourra établir une hiérarchie entre ces activités, et distinguer technique proprement dite, art et magie.

Et ce qui distingue la technique, c'est son support matériel, « réel ». C'est évidemment de là qu'elle tire son efficacité. Le technicien est efficace parce qu'il traite les choses en prenant les choses comme elles sont. Le technicien ne s'oppose pas à la nature, il l'exploite, c'est-à-dire en utilise les propriétés. Il y a entre technique et science (connaissance de la nature, de la matière) un lien évident. Mais ce lien n'apparaît qu'assez tardivement dans l'histoire des hommes.

Il apparaît peut-être déjà chez Roger Bacon, au XIIIème siècle. En tout cas, il apparaît assez nettement à la Renaissance, chez ces ingénieurs qui vont fonder la science « moderne » (Léonard, Cardan, Galilée...), et il apparaît pleinement chez Francis Bacon et chez René Descartes.

Pendant ces quelques siècles qui vont du Moyen Age finissant aux premiers moments des Temps modernes, la relation de l'homme au monde se modifie du tout au tout, on l'a expliqué, analysé, décrit des milliers de fois. Les textes sont maintenant innombrables sur « les grandes découvertes » de la fin du Moyen Age, sur « la structure de la révolution scientifique », sur le passage d'un « monde clos à un univers infini », sur « les ingénieurs de la Renaissance ». Mais a-t-on assez insisté sur l'essentiel, à savoir que la science se forme à ce moment dans l'Histoire parce que les chercheurs acceptent, enfin, de faire *comme les techniciens le font depuis toujours* : observer, et construire ?

Cela aurait pu commencer avec Aristote, mais les élèves du Lycée se sont détournés de l'expérimentation pour s'adonner aux plaisirs du discours. Cela aurait pu commencer à Alexandrie, avec la construction du Musée et le rassemblement non seulement de philosophes et de littérateurs et d'astronomes et de mathématiciens, mais aussi d'ingénieurs et de médecins. Mais à nouveau les penseurs ont dédaigné le travail « manuel ».

Et cela n'a commencé qu'à la fin du Moyen Age, quand quelques hommes ont voulu regarder, observer, et mesurer. A l'aide d'instruments, construits par les ingénieurs. Copernic et son quadrant pour mesurer les angles avec précision ; Vésale avec son scalpel pour ouvrir les ventres plutôt que les livres de Galien ; Léonard et Galilée (surtout Galilée), qui expérimentent et étudient autant les machines que les textes vénérables ; Nicolo Tartaglia, qui ne craint pas de s'intéresser aux canons ; ces hommes, en à peine quelques années, acquièrent plus de connaissances dans tous les domaines que dix siècles de civilisation gréco-latine et dix siècles de Moyen Age. Connaissances.

Connaissance : c'est le maître-mot, qui complète celui d'action.

C'est à cette époque que la connaissance rencontre l'action, ou l'inverse. C'est alors que naît la modernité.

C'est quand l'homme commence à agir sur la matière en prenant conscience qu'il connaît la matière que naissent la science « moderne » et la technique « moderne ». Mais peu importe pour le moment (nous y reviendrons) l'archéologie du couple science-technique. L'essentiel est que nous croyons avoir établi ce qu'est la technique – aussi bien au début du XVIIème siècle qu'à l'époque de Platon ou aux temps préhistoriques : une volition (un besoin) suivie d'une chaîne intellectuelle qui aboutit à une action – perfectible – sur la matière et conforme aux caractères de la matière conduisant à une réalisation. Que la réalisation soit une bouchée de nourriture, un réseau de millions d'ordinateurs interconnectés, un avion à réaction ou un plan de *marketing* (ou une greffe de foie) importe peu : le résultat est « matériel », les moyens mis en oeuvre sont « matériels ».

La technique est ainsi l'utilisation d'objets pour la production (ou du moins la modification) d'objets. La technique est une objectivation. Une objectivation des besoins (et des désirs) d'abord, une objectivation des moyens ensuite, une objectivation des résultats (d'où le terme même d'objectif).

Si donc l'on définit la technique comme une action matérielle, elle s'opposerait aux actions « morales ». Ne revenons pas sur l'opposition entre matérialisme et idéalisme ou spiritualisme. Il est clair qu'un matérialisme cohérent considère l'idée d'action morale comme illusoire.

Cette définition n'est claire que si l'opposition matériel-moral, c'est-à-dire l'antique opposition entre matière et esprit (monde sensible et monde des idées, par exemple, selon les principes platoniciens), est claire. C'est le lot de tout approfondissement philosophique : toujours en revenir aux grands thèmes fondateurs de la tradition philosophique. Tôt ou tard, entre Héraclite et Démocrite, il faut choisir : de la matière, uniquement, des choses, des *objets*, ou quelque chose en plus, de mystérieux, d'insaisissable, d'indicible (d'où les obscurités du philosophe), que l'on appellera λογος (Héraclite), νους (Anaxagore), destin, dieux, évolution créatrice, honneur de l'humanité, sens, ou comme on voudra.

Je ne peux prendre ici position entre ces deux options. Mais que l'on se situe dans un cadre de pensée matérialiste ou spiritualiste, la technique est toute action matérielle efficace (efficace, pour la distinguer des pratiques magiques).

Sommes-nous alors arrivés à préciser suffisamment ce que nous voulons dire avec le mot « technique » ?

Il nous semble que le terrain est déjà déblayé, et que les distinctions entre technique et art, technique et magie, voire technique et science sont en voie d'être précisées. Ce n'est pas le but de notre travail d'approfondir ces distinctions, mais l'on peut dire que l'art est une technique dont le but n'est pas exclusivement matériel (avec toutes les difficultés de la détermination de ce « plus », spécificité de l'esthétique), que la magie est une technique dont l'efficacité supposée est fallacieuse, et que la science est une technique dont le but est de l'ordre de la contemplation plutôt que de l'obtention (voir plutôt qu'avoir). On rencontre ici le parallèle à établir entre art et science : ce sont en réalité, en tant qu'actions, des techniques [22], l'une avec en plus « le beau » et l'autre avec en plus « le vrai ».

Cela nous semble très simple, mais pour bien préciser notre pensée, considérons encore, très concrètement, le peintre et l'astronome. La matérialité de leur activité est évidente :

---

[22] En art, il faut évidemment distinguer l'acte « producteur » de beauté de l'artiste de la contemplation passive de l'œuvre par l'amateur, et en science l'on peut opposer l'activité, « productrice » de vérité, du chercheur de la simple mise en ordre du savoir par le professeur ou de l'effort d'acquisition de ce savoir par l'étudiant. C'est bien sûr l'activité de l'artiste et celle du chercheur scientifique qui sont des techniques.

toile, pigments, huile, pinceaux chez le premier, télescope, spectromètre et toute une instrumentation chez le second. Mais le peintre et ses admirateurs seront scandalisés si l'on décrit cette activité comme la simple production de surfaces peintes qui feront l'objet d'un commerce ; de même, l'astronome et les défenseurs de la « science pure » seront scandalisés tout autant si l'on dit soit que l'activité astronomique est le *délassement* de quelqu'un qui n'est pas obligé de faire un autre travail pour vivre, soit qu'elle est une profession dont le but est de gagner de l'argent en publiant des textes à propos des lumières scintillantes du ciel nocturne. L'artiste et le savant ne veulent pas être assimilés à de simples techniciens (et encore moins, semble-t-il, à des personnes exerçant une activité économique). Admettons-le, car ce n'est pas notre souci. Mais avons-nous suffisamment défini le mot « technique » ?

Tout ce que nous avons dit jusqu'à présent se situe au niveau de la description sociologique. Etant admis un certain nombre de choses qui correspondent à l'expérience commune et quotidienne des hommes – les outils, les besoins, les résistances de la matière, le progrès de l'outillage et des machines, l'aspect intellectuel de toute activité technique, etc. – nous avons établi des distinctions et des déterminations qui nous maintiennent à ce niveau. Nous avons, très sommairement mais de manière *concrète*, examiné l'activité de l'astronome et de l'artiste-peintre, de l'ingénieur contemporain et du chasseur paléolithique, du boulanger et du potier. La technique est une action matérielle efficace et perfectible, entreprise en vue de satisfaire un besoin humain. Action, efficace, perfectible et autres termes semblables renvoient à des notions communes, sociologiques, compréhensibles dans le cadre des discours de quiconque.

Mais l'exigence philosophique ? C'est évidemment au niveau ontologique que nous devons tenter de répondre à la question de savoir ce que nous voulons dire exactement avec le mot « technique ».

Avant de nous hausser à ce niveau de la recherche ontologique, un mot encore sur les relations entre magie, technique et art. Il nous paraît suggestif de reconnaître qu'il y a, dans cette suite (chronologique), une lente émergence de la liberté humaine. Les spécialistes de la magie sont tous unanimes pour décrire le caractère totalement défini de l'acte magique. Le magicien doit accomplir son action dans le plus strict respect de conditions, d'ailleurs généralement très nombreuses. Il faut opérer à tel endroit, à tel moment du jour ou de la nuit, avec tels ingrédients, en proférant telles paroles. La moindre déviation par rapport à ces nombreuses prescriptions, la moindre liberté prise par le magicien dans son office et c'est l'échec, irrémédiablement. C'est une grande différence avec l'acte technique. Ici, contrairement au magicien, le technicien dispose d'une large liberté. Certes, il ne peut pas tout à fait construire comme il veut, mais une hache peut avoir un manche plus ou moins long, une lococomotive peut avoir un, deux ou trois essieux moteurs, et même davantage, et l'on peut à vrai dire élaborer n'importe quel objet technique dans un cadre très large de variabilité. Quant à l'artiste, lui, sa liberté est totale. Il n'est plus tenu à un rite immuable et déterminé en tout, il n'est même plus tenu aux impératifs que le technicien doit assumer et qui viennent de ce que sa réalisation doit être efficace (il faut que « ça marche »), il est libre totalement, dégagé de toute la tyrannie du réel. Il peut dessiner une femme ayant un cou aussi long qu'il le désire (Modigliani), et même sans cou (les cubistes, et puis les abstraits).

Il y aurait beaucoup à dire sur le développement historique magie-technique-art, et sur la part de plus en plus grande de la liberté dans cette évolution. C'est peut-être même cette liberté « totale » de l'artiste qui conduit à une surévaluation de l'art par rapport à la technique. L'artiste est, dans bien des discours, tenu pour « plus humain » que le technicien. Mais cette liberté est évidemment illusoire. En se libérant totalement de l'objet, l'artiste atteint l'absolu de sa liberté, retrouve le temps perdu du n'importe quoi et du n'importe quand, et perd en même temps toute efficacité, parce que perdant tout contact réel avec l'objet. La liberté est un fantasme.

Notre travail n'est donc pas achevé, puisqu'il faut tenter d'atteindre le niveau philosophique : établir une définition qui exprime vraiment l'essence de la technique et qui réponde pleinement aux exigences de toute entreprise théorétique.

Il nous reste pour cela à préciser les deux déterminations de notre définition qui sont essentielles (révélant l'essence) : matériel et efficace. L'on peut en effet, par une simple réflexion, arriver à admettre que les autres déterminations de la technique, « perfectible », « humaine », « relative à un besoin », « intellectuelle », sont secondaires, et dérivent de la matérialité et de l'efficacité de la technique.

Nous en revenons donc à la matière, ou à l'objet.

Les philosophes du XXème siècle ont consacré de nombreuses pages aux problèmes de la connaissance, de l'homme dans le monde, de l'être. Nous sommes obligés d'y revenir constamment (c'est comme un leitmotiv) : il y a une réalité qui s'impose et s'oppose à la pensée, et qui est la matière ou l'objet. Nous sommes très loin de la naïveté cartésienne qui croyait « découvrir » l'être-de-soi par le « doute » du *cogito*. Il ne faut pas s'isoler et réfléchir longuement que l'on doute de tout pour *savoir* que l'on *est*. La certitude de l'existence et son mystère s'offrent d'emblée à toute conscience qui s'éveille, dans la souffrance des *besoins*. Et ces besoins, toujours, sont liés à du non-moi, sous la forme de désirs *organiques*. Il est relativement secondaire que ces désirs soient liés à un non-moi « intérieur » (telle partie de mon corps, comme dans le besoin d'échapper à une chaleur trop vive) ou à un non-moi « extérieur » (telle partie de mon environnement que je souhaite atteindre pour une possession, par exemple dans un but de nutrition). Ces besoins sont liés à des *objets*, d'ailleurs presque infiniment divers : estomac vide, vessie pleine, neurones stimulés (nous pouvons tenir compte des acquis de la science biologique[23]), épiderme échauffé, fruit appétissant, voyage

[23] Freud qualifiait de *pulsions* la source organique de ces besoins ; les behavioristes parleront de *stimuli* ; aujourd'hui, les spécialistes des neurosciences établissent patiemment l'inventaire des *molécules* neurotransmettrices qui induisent et modulent l'influx nerveux, et donc les besoins. En à peine un siècle, l'on est ainsi passé du mot à l'objet.

souhaité, voiture de luxe dont on rêve (nous pouvons aussi tenir compte des objets typiques de notre siècle).

L'objet[24] est ainsi ce qui provoque l'idée même de l'être, et à la fois du moi et du non-moi, de mon individualité vécue comme une conscience et de mon environnement perçu comme obstacle, danger, ressource ou cible de concupiscence.

L'objet est ce qui donne à la pensée humaine l'idée de l'être. Et l'objet est même l'être lui-même (phénoménal ou nouménal, selon que l'on est matérialiste ou non : encore une fois les deux options).

Il n'y a pas d'être sans objet, ni d'objet sans être. L'on peut certes, grammaticalement, séparer le mot « objet » du mot « être », comme l'on peut distinguer la couleur d'une feuille de papier de la feuille même, mais les avatars de la logique aristotélicienne au cours du Moyen Age et après, bien étudiés par les historiens de la philosophie (réalisme, nominalisme, querelle des universaux, etc.), montrent tous les risques de la pensée quand elle se met à substantialiser les signifiants. Cela est bien connu, et je ne dois pas insister. Si ma feuille de papier est blanche, sa blancheur n'existe pas séparément du papier, même si je peux la nommer et me servir du nom pour faire des phrases. Mais cette blancheur devient un objet du simple fait que j'y pense, que j'ai forgé (dans *ma* langue, c'est-à-dire avec mes outils conceptuels) un terme pour la désigner.

L'être, pur concept si l'on veut, n'est plus alors que ce qu'il est, un fantôme, un mot, le soubassement du perceptible (la perception des empiristes) et du dénommable (la dénomination des nominalistes). Et ainsi l'objet r(est)e. Son existence est comme le noyau de sa permanence (dans la mémoire de mes sens ou dans ma mémoire dénommante).

---

[24] Sans renier tout ce que nous devons à des auteurs comme Gilbert Simondon (*Du mode d'existence des objets techniques*, Aubier-Montaigne, Paris, 1958) ou Jean Baudrillard (*Le système des objets*, Gallimard, Paris, 1968), précisons si nécessaire que nous employons le terme objet dans un sens tout à fait général, ontologique, dépassant l'acception réduite que l'on accorde généralement au mot dans l'expression « objet technique ».

Il ne faut pas assimiler cette position qui consiste à considérer objet et être comme deux noms désignant la même chose (le même mystère, car mystère il y a) au simple scientisme. Le scientisme était encore possible au début du XXème siècle, quand les avancées de la physique étaient encore peu connues dans le monde des philosophes. Mais c'est l'avancée même de la science qui conduit à la conclusion que la science ne suffit pas. Aujourd'hui, nous savons bien que l'objet du physicien n'est plus l'assemblage « clair et distinct » d'atomes de matière dont les chimistes du XIXème siècle étaient parvenus à déterminer les « masses atomiques »[25]. La physique, depuis lors, a non seulement brisé l'atome (électrons, protons et neutrons), mais elle a même brisé les particules « élémentaires », infra-atomiques, pour aboutir à des structures « ultimes » (quarks, bosons, etc.) qui découragent tout effort de représentation, du fait de leur comportement « quantique ». Il y a, peut-être, un « au-delà » des particules. Mais ces particules existent, du moins si l'on admet qu'existe « quelque chose » qui laisse des traces perceptibles dans un appareil de détection construit de métal et de plastique.

Nous devrions ici, mais la place nous manque, développer l'idée de « désubstantialisation » de la physique moderne. Yves Gingras, notamment (de l'Université du Québec à Montréal), a bien montré que la physique du XXème siècle fut une vaste entreprise d'élimination de la notion (cartésienne, voire milétienne si l'on remonte à Thalès et aux « physiciens »

---

[25] L'expression masse atomique, pendant presque tout le XIXème siècle (de Dalton à Perrin et Rutherford), ne désigne pas la masse de l'atome proprement dite, mais la masse relative de l'atome, celle de l'atome d'hydrogène étant prise comme unité. La plupart des chimistes et des physiciens pensaient alors que la masse absolue des atomes resterait à tout jamais inaccessible à l'expérience. Il est intéressant de noter que c'est cet aveu d'incapacité d'aller empiriquement jusqu'à l'atome qui fondait la confiance des scientifiques dans une description du monde prenant l'atome comme base de la conception de l'univers. Ils étaient sûrs de savoir parce qu'ils savaient que la base de leur savoir était inconnaissable !

de Milet) de substance[26]. Le processus de mathématisation de la physique, entamé certes depuis Galilée mais qui atteint une espèce de paroxysme avec la théorie des quanta et surtout la théorie des particules élémentaires (physique des hautes énergies), conduit en effet à une autonomisation des symboles mathématiques par rapport aux entités qu'ils représentent. Aux notions « claires et distinctes » de particule, de masse, de choc et de contact, se substituent les notions de champ, d'opérateur, de nombre quantique, etc. C'est à vrai dire ce qui, depuis longtemps, était arrivé à l'interrogation philosophique : depuis Parménide d'Elée, les mots (logos, être, un...) se substituent aux choses.

Mais si, pour le physicien, la formule mathématique devient l'objet, se substituant à l'entité qu'elle désigne et qui n'a plus qu'une existence fantômale dans la physique contemporaine[27], pour l'ingénieur la formule mathématique reste un discours (utile et efficace) à propos d'objets dont l'existence reste concrète et affirmée. Même s'il fait appel aux équations d'Einstein et de Schrödinger pour construire des centrales nucléaires et des systèmes opto-électroniques, l'ingénieur continue d'avoir une vision « substantialiste » du monde : l'uranium, les fibres optiques et les dégagements de chaleur « existent » pour lui plus que les champs de bosons et les groupes algébriques de symétrie.

Encore une fois, le fait de faire appel à la description « standard » de l'univers au moyen des particules mises en évidence dans les accélérateurs (cyclotrons et autres) n'est pas une confirmation du matérialisme, mais seulement une acceptation *philosophique* de l'existence de la matière, que

---

[26] Y. Gingras : *La substance évanescente de la physique* in E. Neuenschwander & L. Bouquiaux : *Science, philosophy and music*, Brepols, pp. 157-164, 2002.

[27] La matière est formée de molécules, formées d'atomes, formés de nucléons et d'électrons, formés de quarks et de gluons, formés... de formes mathématiques et d'invariants algébriques. La matière bien concrète que nous avons dans les mains se décrit finalement, aujourd'hui, à l'aide de formules, qui ne sont en réalité que des discours. Pour dire ce que sont les choses, il n'y a que des mots.

celle-ci soit la matière palpable des Descartes, Lavoisier, Berthelot, ou la matière « évanescente » des physiciens des hautes énergies. Peut-être y a-t-il encore d'autres réalités, vraiment immatérielles. Mais ce n'est pas là le problème de la technique : l'objet existe, cela suffit à notre enquête. C'est dans ce cadre « objectif » que le philosophe évolue – comme quiconque – et qu'il doit développer sa pensée, s'il veut que celle-ci concerne ce qui préoccupe vraiment les hommes, en ce compris leurs aspirations éthiques.

Car tout de même, cette conclusion que la technique, c'est l'objet, et que l'objet, c'est la matière (épuisant ou non la réalité), cela a des conséquences ontologiques, et donc axiologiques, considérables.

Pour Heidegger, la technique « *est codéterminante dans le connaître* »[28]. Le philosophe allemand reconnaît même l'antériorité de la technique sur la science, conception décisive que nous avons déjà esquissée et sur laquelle nous aurons l'occasion de revenir : « *dans la mesure où règne dans la technique le principe du savoir, elle-même fournit à partir d'elle-même la possibilité et l'exigence d'une mise en forme particulière de son propre savoir aussitôt que s'offre et se développe une science qui lui corresponde. C'est là un événement, et cet événement n'advient qu'une seule et unique fois au cours de toute l'histoire de l'humanité : à l'intérieur de l'histoire de l'occident européen, au début ou mieux comme le début de cette époque qu'on appelle les Temps modernes* »[29]. Sur ce point, nous sommes en parfait accord avec les idées heideggeriennes, même si nous sommes loin d'accepter tout l'environnement idéologique, d'ailleurs très ambigu, de l'idéalisme humaniste heideggerien, à propos de la technique. Pour nous, en tout cas, la technique est même davantage que la source historique de la science. Elle est « rappel de l'être »,

---

[28] M. Heidegger : *Langue de tradition et langue technique*, Lebeer Hossmann, Bruxelles, 1990, p. 25. Il s'agit du Heidegger d'après le nazisme. Ce texte est en effet la traduction d'une conférence publiée seulement en 1989 (M. Heidegger : *Überlieferte Sprache und technische Sprache*, Erker, Sankt Gallen), mais prononcée en 1962.

[29] M. Heidegger, *op. cit.*, p. 23.

dans la mesure où l'homme, dans sa condition quotidienne et affairée d'être vivant, a « oublié » l'être (nous verrons plus loin le sens de ce verbe oublier dans le cadre de l'épistémologie de Heidegger). C'est grâce à la technique que nous pouvons nous faire une idée du monde. Et de l'homme, *ipso facto*.

Le langage de l'objet

Si l'objet c'est l'être (ou une manifestation de l'être), c'est alors *la technique qui dévoile l'être*. Conséquence inattendue, et même scandaleuse pour la tradition philosophique qui, depuis Platon, dévalorise le geste au profit de la parole. Ce qu'il y a de plus bas dans l'humanité, presque de honteux (le travail des esclaves), est en fait ce qui révèle ce qu'il y a de plus élevé, de plus majestueux et de plus mystérieux dans l'univers (l'être) !

Si bien que la tâche du philosophe n'est plus désormais de *dénoncer* la technique, mais de la *comprendre*. Il faut penser la technique, pas penser pour ou contre elle. Penser la technique, c'est penser l'homme. Ou, pour le dire mieux, pour penser l'homme, il faut d'abord penser sa technique, un peu comme le médecin, pour comprendre la maladie, doit d'abord étudier le corps, ses organes et leurs fonctions.

Mais peut-on comprendre la technique, la définir, peut-on répondre à la question de savoir ce que nous voulons dire exactement avec le mot « technique » ?

Autrement dit, définir la technique comme l'action sur l'objet, est-ce suffisant ?

Il nous semble que la technique est le langage de l'objet. Il nous semble que l'histoire des techniques (l'archéologie du faire) nous montre, au cours du temps, l'homme « parlant » de mieux en mieux aux objets. Au moment où il va quitter l'animalité, quand il ne peut encore qu'arracher des branches aux arbres pour en faire de primitifs leviers, ou quand il commence à tailler la pierre, l'homme entame son dialogue avec l'objet, sa longue conversation avec la matière.

D'abord, il n'obtient que de maigres résultats, et ses premiers essais techniques dureront des centaines de milliers d'années, où il passera très lentement de la pierre brutalement éclatée à la pierre plus finement taillée, et puis ciselée plus finement encore. Mais si ses outils s'affinent, c'est parce qu'il connaît de mieux en mieux la matière qu'il travaille. Et ainsi, dès que la technique se développe, la science s'installe. Il n'y a pas d'action sans connaissance. Il n'y aura pas de connaissance sans action[30].

Nous l'avons déjà dit. Le développement de la technique produira des outils qui deviendront des instruments, y compris des instruments de savoir. La science provient de la technique, comme le développement de l'homme provient de ses besoins, de sa nature même, qui est de dépendre d'un environnement à la fois hostile et secourable. Et le développement de la technique, c'est l'acquisition, toujours plus profonde, du langage même de la matière (de la nature, pour employer le vieux mot grec φυσις).

Ce langage de l'objet, décodé par la technique, revient à l'homme comme un retour gratuit, sous la forme d'un discours (la parole succède au geste), et c'est la science. Idéologiquement et socialement séparées pendant longtemps (les universités médiévales, comme l'Académie et le Lycée, enseignent la science, pas la technique, honteusement reléguée dans les ateliers), la science et la technique vont se rejoindre au XIXème siècle, et ce sera la naissance de la technologie[31].

La mutation spectaculaire de la technique en technologie était en réalité « préprogrammée ». L'homme avait inventé le geste puis la parole, mais tôt ou tard il devait unir l'une à l'autre : la réunion de la τεχνη et du λογος est ce qu'il y

---

[30] Ou, pour reprendre la suggestive expression de Jean Brun dans l'ouvrage que nous avons déjà cité : *prendre et comprendre* ne sont que deux expressions d'une même réalité.

[31] C'est la raison pour laquelle, un peu arbitrairement il est vrai, nous avons fixé en 1800 la césure entre nos deux livres, déjà cités, sur l'histoire des techniques. Le passage, vers ce moment de l'histoire, de la technique à la technologie est, selon nous, bien plus important pour le genre humain que les « révolutions industrielles » anglaise (la machine à vapeur au XVIIIème siècle), européenne (l'électricité au XIXème) et américaine (le nucléaire et l'électronique au XXème).

a de plus inéluctable dans l'histoire des hommes, comme le révèlent les archéologies du faire et du savoir. Au commencement était l'Action. Ensuite est venu le Verbe. Il était forcé qu'ils se rencontrent.

Mutation spectaculaire, avons-nous dit. L'on passe des haches et des scies aux marteaux-pilons à vapeur et aux machines-outils animées par des moteurs électriques, puis aux robots autonomes et polyvalents. En quelques décennies. Et cela est d'autant plus spectaculaire que l'on ne comprend plus. N'importe qui peut « comprendre » une hache ou une scie. Mais qui « comprend » la robotique, l'automatisation, l'énergie nucléaire, les matériaux nouveaux, le contrôle génétique des animaux, des plantes, et de l'homme lui-même ?

Cette difficulté de compréhension est à intégrer, d'ailleurs facilement, dans la définition de la technique. Cette difficulté provient évidemment de la complexité de l'objet. Si les techniques « chimiques », par exemple (une usine produisant des matières plastiques), sont plus difficiles à comprendre qu'un atelier d'ébénisterie, c'est parce que le technicien-chimiste demande plus à l'objet que le technicien-ébéniste. Celui-ci reste, si l'on veut, à la surface de l'objet, alors que le chimiste « pénètre » plus profondément dans ses spécificités. C'est en connaissant mieux l'objet que l'on en retire plus de résultats « utiles », c'est en conformant de mieux en mieux son action aux réalités que l'objet lui oppose que le technicien améliore l'efficacité de ses gestes et de ses projets. L'efficacité, si caractéristique de la technique, s'explique ainsi en même temps que l'on comprend la difficulté intellectuelle grandissante des réalisations successives de la technique. Etre efficace, c'est comprendre. Le savoir-faire est, d'abord, un savoir.

C'est donc la connaissance toujours plus poussée du langage de l'objet qui permet des techniques toujours plus puissantes, toujours plus efficaces, et en même temps de plus en plus étranges – incompréhensibles – par ceux qui n'ont pas participé à l'interprétation de ce langage.

La technique est la compréhension, toujours de plus en plus fine au cours de l'histoire, des potentialités de l'objet. Non pas la compréhension de l'objet, mais la compréhension de l'objet pour l'homme. Il est dans l'être de l'homme de poursuivre ce processus de compréhension. Ce n'est pas seulement la recherche naïve des plaisirs infantiles des artifices et des *gadgets*, qu'en effet la critique de la « société de consommation » peut dénoncer en ricanant. C'est l'accomplissement du destin – mystérieux – de cet *objet* parmi les objets que les philosophes – hommes eux-mêmes – ont élevé, peut-être inconsidérément, à la dignité de *sujet*.

PENSER LA TECHNIQUE

Le lien actuel entre technologie et Occident[32] explique probablement certains courants de la technophobie contemporaine. Ceux qui sont anti-nucléaire, anti-OGM, anti-robots, etc., appartiennent souvent à la mouvance de l'anti-occidentalisme. Développer cette idée nous conduirait à des considérations d'ordre politique qui dépassent tout à fait notre propos, qui est de situer ontologiquement la technique, mais nous ne pouvons pas faire l'impasse de ce lien, peut-être essentiel. Car reconnaître le lien entre la technologie et l'Occident, c'est évidemment tenir compte de la rationalité inhérente à la pensée issue de la grande tradition philosophique d'origine grecque. Signalons au moins un texte, parmi des centaines d'autres, qui montre bien l'amalgame établi par de nombreux auteurs entre « capitalisme », « Occident » et « technique ». C'est un passage du livre *La France contre les robots*, de Georges Bernanos[33], publié en 1946, c'est-à-dire au lendemain de la seconde guerre mondiale, alors que la France avait été battue, humiliée, occupée par une armée allemande mécanisée, et délivrée par une armée anglo-américaine plus mécanisée encore.

« *Nous voyons la Démocratie impériale anglaise, la Démocratie ploutocratique américaine et l'Empire marxiste des Dominions Soviétiques sinon marcher la main dans la main du moins poursuivre le même but, c'est-à-dire maintenir coûte que*

---

[32] La technique est, par contre, comme nous espérons l'avoir montré, liée à l'homme, quelle que soit son appartenance historique et culturelle.

[33] G. Bernanos : *La France contre les robots*, France libre, Rio de Janeiro, 1946. Nous citons d'après la réédition de 1970, chez Plon, p. 19.

coûte (...) le système à l'intérieur duquel ils ont tous acquis richesse et puissance (...) les régimes jadis opposés par l'idéologie sont maintenant étroitement unis par la technique (...) Un monde gagné par la Technique est perdu pour la liberté (...) le progrès n'est plus dans l'homme, il est dans la technique, dans le perfectionnement des méthodes capables de permettre une utilisation chaque jour plus efficace du matériel humain. »

Mais allons au-delà des littérateurs de l'après-guerre, au-delà même des grands fondateurs de la philosophie occidentale (Thalès, Pythagore, Parménide...). Remontons jusqu'aux mythes. Quels sont les grands mythes initiateurs de la pensée, de la pensée occidentale du moins (qui seule nous intéresse, puisque c'est dans son contexte que la technique s'est épanouie en technologie[34]) ?

La tour de Babel

Il ne faut pas insister sur la dualité d'origine de la pensée occidentale moderne : il y a l'apport suméro-judéo-chrétien ; il y a le legs gréco-latin.

Nous ne prétendons pas ici renouveler l'étude des grands mythes. Nous n'avons ni la compétence ni le temps d'apporter à cette question, d'ailleurs très difficile, le moindre élément de progrès positif. La mythologie travaille sur des documents extrêmement labiles, aux origines particulièrement lointaines (la nuit des temps), et nous admettons volontiers qu'il est beaucoup plus difficile d'interpréter un récit traditionnel que de comprendre une hache en pierre taillée ou le régulateur d'une machine à vapeur. Nous voulons simplement, dans le cadre de l'étude de la technique, évoquer quelques grands mythes, et nous en servir comme de métaphores, sans prétendre que les interprétations que nous proposerons correspondent réellement à l'inconscient des peuples et des auteurs à l'origine des mythes en question. Nous retenons ici la grande leçon de

---

[34] Ce qui explique mais ne justifie pas la confusion entre technique et Occident.

Claude Lévi-Strauss[35] : un mythe ne doit pas être analysé philologiquement (recherche des versions successives), mais structuralement. Tout mythe doit être étudié globalement, comme les psychanalystes étudieraient un rêve, en cherchant sous le sens manifeste un sens latent, par la recherche des « mythèmes ».

Le risque est évidemment considérable, dans une telle perspective, de découvrir comme sens latent d'un mythe une projection des préoccupations de celui qui tente l'analyse.

Commençons donc par la littérature « sacrée » des Hébreux, où l'on trouve (dans la Genèse) des mythes dont certains sont d'origine pré-hébraïque, sans doute sumérienne. Bien sûr, ces mythes ont été étudiés par des générations et des générations d'exégètes dans une perspective croyante, et c'est alors la dimension éthique des récits qui est mise en avant. Lire la Genèse (et les autres textes de la Torah, la loi), c'est évidemment apprendre ce que l'on peut faire et ce qui est interdit, par décret divin. Ceci semble très loin de la technique. Mais l'on peut faire une lecture plus moderne. Et constater que les mots mêmes qui commencent la Genèse, et qui sont donc comme les tout premiers mots de la « culture occidentale », sont les suivants : « *Au commencement, les dieux* [36] *créèrent le ciel et la terre* ». C'est évidemment une *fabrication*. Un acte technique.

Le dieu de la Genèse est ainsi un fabriquant (c'est bien le sens du mot démiurge), un technicien qui transforme la matière première du chaos en « produits », longuement décrits par la Genèse : les eaux, les astres, les animaux et les plantes, et l'homme lui-même. La création de l'homme est bien une fabrication, décrite comme le modelage d'un bloc d'argile.

Irons-nous jusqu'à dire que les auteurs de la Genèse étaient comme impressionnés par les possibilités de la technique, et qu'ils ont attribué à leur dieu un pouvoir

---

[35] C. Lévi-Strauss : *Anthropologie structurale*, Plon, Paris, 1958. Voir surtout la page 249.

[36] Si l'on admet que le mot hébreu *elohim* est un pluriel. On peut évidemment traduire par « le dieu », ou par d'autres termes, comme « l'esprit ».

extrapolé, basé sur les pouvoirs concrètement observés de leurs « techniciens » ? Si un maçon peut faire une maison avec des briques d'argile, si un forgeron peut faire des armes avec du bronze ou du fer, si un boulanger peut faire du pain avec de la farine de blé, le créateur du monde n'est-il pas un super-maçon, un super-forgeron, capable de tout faire ?

Je ne prétends évidemment pas limiter le sens de la Genèse, et la réduire à une espèce d'hymne à la technique, ou à une méditation sur les pouvoirs techniciens. Il y a bien autre chose aussi dans la Genèse (les mythes comportent toujours des contenus latents certainement nombreux, correspondant aux diverses préoccupations de la tribu). Mais il me paraît assez vraisemblable qu'il y a aussi, chez l'Elohiste comme chez le Yahviste [37], une certaine fascination de l'acte technique.

Nous pouvons aussi admettre que l'histoire de Noé, qui construisit l'arche du Déluge, exprime une admiration pour un autre acte technique spectaculaire : la construction navale.

Cela nous paraît confirmé par le bref récit concernant la tour de Babel. Ici, il s'agit clairement de faire l'écho d'observations réelles. Les auteurs du récit ont certainement été impressionnés par les ziggourats babyloniennes. Le sens est clair. Les ingénieurs (babyloniens) sont capables de constructions grandioses, mais leur activité est sacrilège. En voulant aller « trop haut », ils méritent la colère divine. Ce n'est pas une idée spécifiquement hébraïque. C'est une idée constante, nous semble-t-il, chez de nombreux peuples (un mythème) : l'interdiction (divine) de pousser trop loin les réalisations techniques. Il y a dans la technophobie contemporaine, trois mille ans après la rédaction de la Genèse, encore cette conception bien présente chez certains...

---

[37] L'étude philologique de la Torah a conduit les spécialistes à admettre qu'elle résulte de la compilation de plusieurs textes antérieurs, et notamment d'un texte dû à un « Elohiste » inconnu et d'un autre dû à un « Yahviste » également non identifié historiquement.

Le cheval de Troie

Pour le dire un peu vite : la Genèse est une évocation de la technique, mais celle-ci est réservée aux dieux. L'homme ne peut s'en servir. Ou plus exactement, il peut s'en servir, mais sans pouvoir « aller trop loin » : il ne peut chercher le progrès technique. Il lui est interdit de passer de la technique à la technologie [38]. Ce serait non seulement imiter Dieu, mais même se substituer à lui...

Voyons maintenant chez les Grecs. Nous sommes dans des conditions culturelles et historiques tout à fait différentes. Et pourtant, le premier livre des Grecs, l'Iliade, est, comme la Genèse, également comme une méditation sur la technique. On y retrouve le même mythème : l'interdiction de dépasser un certain seuil d'efficacité technicienne.

Qu'est-ce en effet que ce premier récit en langue grecque ? C'est l'histoire de la prise d'une ville par le moyen d'une machine fabriquée par un ingénieur, Ulysse : le fameux cheval de Troie. Bien sûr, le poème semble être plus un récit sur Achille que sur Ulysse, mais ce n'est qu'un subterfuge littéraire. Le véritable héros de l'Iliade est bien Ulysse. Et d'ailleurs il sera le héros éponyme du poème suivant, l'Odyssée.

Exagérons-nous ? Comme dans le cas de la Genèse, nous ne nions évidemment pas qu'il y a quantité d'autres choses dans l'Iliade et l'Odyssée que les seules aventures d'Ulysse « saccageur de villes ». Mais il nous paraît certain qu'Homère a été très impressionné par les capacités constructives des ingénieurs de son temps, qui fabriquaient des machines de siège (tours d'assaut, catapultes) déjà très redoutables. Il nous paraît certain qu'il y a à la base de tout mythe – production populaire ou création littéraire individuelle, cela importe peu – quelque chose qui impressionne vivement (nous ne faisons ici que reprendre les idées, par exemple, de Lévi-Strauss). On n'écrit

[38] Les Hébreux, nomades, construisaient des tentes, technique « autorisée ». Ils avaient sans doute une certaine réticence à utiliser l'argile, et si finalement ils se sédentarisèrent et construisirent « en dur », ils le faisaient peut-être avec un sentiment de trahison par rapport aux traditions de la tribu.

rien de durable à propos d'un événement banal. Il est assez vraisemblable que le siège d'une certaine ville (Troie ou autre) a laissé dans le souvenir des Grecs une impression persistante, parce que la ville fut prise grâce à une « machine » particulièrement efficace. De là à en glorifier le constructeur, il n'y a qu'un pas. Mais nous sommes encore dans la religiosité des temps anciens : cette glorification sera ambivalente. Ulysse est chanté par Homère, et en même temps (c'est d'ailleurs l'objet même du second poème) Ulysse encourt la colère des dieux. Pas plus chez les Grecs que chez les Hébreux, il y a plus ou moins trois mille ans, le technicien ne pouvait « aller trop loin ».

N'est-ce pas hautement significatif que l'on puisse relire les mythes fondateurs de la pensée occidentale (la Genèse, l'Iliade et l'Odyssée sont bien à la source de notre tradition intellectuelle) en les interprétant comme la mise en scène d'ingénieurs, et d'ingénieurs particulièrement efficaces ?

Bien avant qu'il devienne le Saint (au Moyen Age) ou le Poète (chez les Romantiques) ou l'Intellectuel (à l'extrême fin du XIXème siècle), le héros de l'Occident fut l'Ingénieur, le Constructeur, l'Habile.

N'est-ce pas là comme une prémonition du lien que nous avons signalé entre technologie et Occident, puisque la littérature de l'Occident commence par l'évocation de ce que nous pourrions appeler des « innovations technologiques », hautes tours, navires immenses et engins de poliorcétique ?

N'est-ce pas intéressant de noter que si la technique est à l'origine de l'humanité parce que c'est par l'outil que l'homme se distingue de la bête, la technique est aussi à l'origine de la culture, si l'on veut bien admettre que la partie la plus considérable de la culture du XXIème siècle, désormais héritage commun de tous les peuples, trouve sa source dans l'histoire des ingénieurs de Babel et de l'ingénieux Ulysse ?

Ajoutons encore que le type de châtiment infligé par la divinité aux constructeurs téméraires de la tour de Babel ne laisse pas d'être hautement significatif. C'est par la multiplicité des langues que les ingénieurs de Babel sont punis. C'est que le dieu savait que la technique allait se transformer en technologie par l'ajout du langage (λογος) à l'outil. Il fallait donc désamorcer la puissance du langage, promoteur de la technique : imposer la pluralité linguistique.

Si l'on peut discuter notre interprétation des mythes hébreux et grecs, et nous répétons que nous ne prétendons pas ici faire oeuvre de mythographe, par contre personne ne niera que deux mythes modernes sont clairement des dénonciations de la technique, le mythe de Faust et le mythe de Frankenstein.

Il s'agit bien de mythes. L'oeuvre de Marlowe, reprise par Goethe, et celle de Mary Shelley ont eu, l'une et l'autre, un retentissement durable dépassant de loin la notoriété de nombreux travaux littéraires. Dans les deux cas, un « savant » dépasse un certain seuil d'efficacité technique. Rajeunir le corps (Faust) ou même fabriquer un corps humain (Frankenstein) sont des dépassements considérés comme « absolus », et interdits. L'élément religieux est certes plus apparent dans l'histoire de Faust que dans celle de Frankenstein, mais il est assez clair dans les deux cas qu'un interdit transcendant est transgressé.

Notons d'abord que les deux récits trouvent leur source dans la fascination d'une nouvelle technique, comme nous l'avons vu pour Ulysse et pour Babel. Quand Marlowe écrit *The tragical history of Doctor Faustus* (1588), l'on se trouve encore dans une période où l'artillerie pyrotechnique est perçue comme une innovation « diabolique », et où les grandes inventions qui préparèrent la Renaissance impressionnent encore les esprits. C'est sans doute fort court d'expliquer Faust par la poudre à canon, mais il nous semble indéniable qu'il y a dans le travail de Marlowe (et encore de Goethe) une réflexion, au moins sous-jacente, sur les inventions techniques qui modifient profondément la condition humaine, et surtout qu'il s'agit d'une espèce de cristallisation littéraire de pensées confuses présentes chez tous les observateurs des progrès spectaculaires des XVème et XVIème siècles : imprimerie, nouvelles techniques de navigation, horloges mécaniques, etc.

Quant à Mary Shelley, elle fut comme la plupart de ses contemporains extrêmement fascinée par les possibilités qu'une nature imaginative pouvait envisager à partir de la découverte par Galvani de l'électricité animale et de l'invention par Volta de la pile électrique. Quand elle écrit *Frankenstein or the modern Prometheus*, en 1818, le public connaissait l'existence de nombreuses expériences faites par des médecins et des physiciens pour évaluer l'effet du courant électrique sur les êtres vivants, y compris des tentatives de réanimation de cadavres humains par l'action de la pile de Volta.

Nous voyons donc à l'oeuvre, chez les auteurs de la Genèse, chez Homère, chez Marlowe et chez Goethe, chez Mary Shelley encore, le même mythème. L'homme se rend compte que sa technique est perfectible, mais quand elle atteint des résultats tellement importants qu'ils remettent en question certaines stabilités, l'homme s'en effraie, son inquiétude venant d'ailleurs à la fois de son incompréhension et de son appréhension de changements qui sont perçus comme dangereux.

Les Grecs face aux machines de guerre voient diminuer l'importance de la valeur individuelle des combattants, et redoutent que la bravoure militaire, fondatrice de l'ordre social et moral (Achille par rapport à Ulysse), n'ait plus la même importance. Ce sera exactement la même chose avec la poudre à canon. Toute une historiographie a été consacrée aux conséquences sociales et politiques de cette invention particulièrement spectaculaire : besoin de capitaux pour disposer d'armes plus « techniques » et donc importance grandissante des banquiers et des propriétaires de mines, renforcement du pouvoir central (et disparition de la féodalité), apparition de nouvelles « classes » sociales, etc.

Nous pourrions, bien entendu, poursuivre en allant jusqu'à étudier la science-fiction, en opposant d'ailleurs la période optimiste avec Jules Verne (qui prolonge la fascination de l'électricité déjà présente chez l'auteur de *Frankenstein*) et la période pessimiste qui commence avec *Brave New World* d'Aldous Huxley (1932). Comme nous le verrons ci-après, cette date de 1932 ne résulte pas du simple hasard.

Le désenchantement qui cause le passage d'une littérature optimiste quant aux possibilités de la technique à une littérature pessimiste dénonciatrice des « méfaits de la machine », celle-ci devenant même chez certains auteurs franchement apocalyptique, mériterait d'être étudié. Il est clair que trois facteurs, au moins, interviennent dans l'apparition de ce désenchantement.

Bien sûr et d'abord la première guerre mondiale, qui fut un traumatisme considérable pour l'Europe. Tous les observateurs ont bien entendu noté qu'au cours de ce conflit des moyens nouveaux de destruction, indéniablement « efficaces », avaient été mis au point par les ingénieurs : lance-flammes, aviation de bombardement, tanks, gaz de combat, etc.

Ensuite, l'évolution socio-économique, avec ses périodes de crise. L'année 1930 est à cet égard très significative, car en effet après la grande crise qui commence en fin 1929 l'on voit apparaître de nombreux essais « contre la machine »[39].

Enfin, troisième facteur de désenchantement, qui à mon avis n'a pas été suffisamment mis en évidence, et qui est peut-être le plus déterminant : l'incompréhension. Déjà les Grecs ne comprenaient pas clairement le fonctionnement des machines pourtant bien rudimentaires des premiers « ingénieurs ». Avec la poudre à canon, ou la production de fonte de fer (aussi une invention de la fin du Moyen Age), l'on est en présence de techniques plus complexes, dont l'explication est moins évidente. Mais c'est avec l'électricité, et surtout avec les techniques faisant intervenir les constituants sub-atomiques de la matière (neutrons et électrons, c'est-à-dire l'énergie nucléaire et les techniques électroniques de l'information et de la communication), que l'incompréhension devient en somme complète. Qui, à l'exception des ingénieurs nucléaires ou des

---

[39] Citons, entre autres, et en nous limitant au domaine français : A. Ayguesparse : *Machinisme et culture*, Valois, Paris, 1931 ; G. Lombroso : *La rançon du machinisme*, Payot, Paris, 1931 ; G. Duhamel : *L'humaniste et l'automate*, Hartmann, Paris, 1933. Il y eut aussi, traduit du russe : N. Berdiaeff : *L'homme et la machine*, Je sers, Paris, 1933 (ouvrage que nous n'avons pas pu consulter). Cependant, un intéressant ouvrage célébrant les avantages du machinisme est aussi à signaler : J.L. Duplan : *Sa Majesté la Machine*, Payot, Paris, 1930.

ingénieurs des « télécoms », comprend vraiment comment fonctionne un téléphone portable, ou une centrale nucléaire ?

Les trois déterminations de la technique

Pour penser la technique, l'étude des grands mythes – dont nous n'avons proposé qu'une esquisse – semble utile, ne serait-ce que parce qu'elle aide à comprendre la provenance des hostilités qui se dégagent face aux avancées techniciennes, et en particulier au passage technique-technologie.

Mais c'est bien entendu insuffisant. Il faut en revenir à l'analyse même de la technique. Pas étudier ce que l'homme (ordinaire ou technicien) pense de la technique, mais ce que la technique est, et ce qu'elle nous révèle de l'être. Revenons donc à notre définition : la technique est le langage de l'objet. C'est la découverte par l'homme des résistances et des potentialités de l'objet, dont la source (historiquement) est la magie, et qui donnera l'art (le « beau ») et la science (le « vrai »).

Nous avons déjà examiné le rapport entre magie, technique et art, et montré que ces trois moments de l'attitude de l'homme face à l'objet correspondent à des parts différentes de liberté : nulle pour le magicien, limitée pour le technicien, totale pour l'artiste.

C'est évidemment un simple schéma qui n'explique pas tout. Semblablement, examinons – également de manière très schématique – le rapport entre science et technique.

S'il y a langage de l'objet, c'est parce que celui-ci, au-delà de sa déconcertante multiplicité, présente les caractères de permanence et de structure sans lesquels on ne pourrait rien en dire. Pour faire une comparaison simple, remarquons que l'on peut facilement décrire le ciel nocturne, étoilé. Parce que les étoiles sont fixes, et qu'elles dessinent dans le ciel des constellations stables. Par contre, il est pratiquement impossible de décrire le ciel diurne, du moins quand il est rempli de nuages et que le vent déforme ceux-ci sans cesse : à peine a-t-on décrit un nuage que son aspect a déjà totalement changé !

Permanence et structure sont donc les caractères de l'objet. Ce qui concerne tant son « exploitation » (technique) que sa « connaissance » (science).

C'est ainsi que nous pourrons dire que la physique (connaissance de l'objet, du monde, de la nature : φυσις) est le discours de la technique (la découverte *discursive* plutôt qu'*opérative* de la structure de l'objet). C'est à partir de la technique (et spécialement de l'instrumentation) que se développe l'observation du monde, et la physique est ainsi comme la technique appliquée au besoin très particulier qu'est le besoin de connaître et de comprendre [40]. Il est évident que nous utilisons ici le mot physique dans son sens large de description scientifique du monde matériel, et que tant la biologie que la chimie en font partie. La médecine est une technique (et non une science) : elle a pour rôle non pas de « comprendre » le corps humain, mais de le soigner. La science correspondant à la médecine est la biologie. Comme toute technique, la médecine répond à un besoin de l'homme, le besoin de santé. Historiquement, cette remarque est importante, car il faut bien savoir qu'Hippocrate a joué, dans l'avènement du rationalisme, un rôle presque aussi important que celui des « physiciens » de Milet.

Ajoutons que la différence que nous posons entre science et technique est d'abord d'ordre épistémologique : c'est le but qui diffère, connaissance là, action ici. Cette opposition se retrouve évidemment dans l'analyse psychologique et dans les études sociologiques. Le psychologue retrouve chez le savant et chez l'ingénieur des aptitudes ou des tempéraments différents, comme le sociologue révèle chez l'un et chez l'autre des attentes sociétales et des conditionnements divers. Cependant, cette différence s'évanouit quand on atteint l'ontologie. Il n'y a d'être de la science ou de la technique que par rapport à l'humain. Ce n'est que par rapport aux projets de l'homme que l'on peut distinguer. Par rapport à l'objet, comprendre c'est pouvoir transformer, et pouvoir transformer, c'est connaître.

---

[40] Voir notre étude « *Connaître et comprendre* », *Revue Générale* 1992(2): 25-30.

Technique, langage de l'objet. Quelles sont – car il faut dire plus – les déterminations de la technique ? Nous en voyons trois.

Ces déterminations sont la temporalité, la communication et l'économie.

Affirmer la temporalité de la technique, c'est au niveau sociologique (le niveau des historiens et des sociologues qui décrivent la technique dans la société et dans l'histoire, de l'extérieur, prenant la technique comme un fait) reconnaître son historicité, qui est vraiment de l'ordre de l'évidence : tout le monde sait bien qu'il y eut l'âge de la pierre avant l'âge du bronze, ou que le moulin à vent fut utilisé avant la machine à vapeur ! Et aujourd'hui (du fait de l'accélération du progrès technique), un homme connaît dans sa vie bien des innovations successives. Je ne suis pas le seul de ma génération à me souvenir qu'il n'y a pas si longtemps il n'y avait ni micro-ordinateur, ni téléphone portable, ni TGV, ni OGM...

Mais au niveau ontologique, la temporalité de la technique, c'est la temporalité du langage de l'objet. Il est de l'essence de la technique d'être un langage, et non pas un langage tout fait (comme la langue maternelle, par exemple, acquise par l'enfant qui la reçoit comme une langue déjà entièrement construite), mais un langage en construction[41].

Qu'est-ce en effet qu'un projet technique ? Dans tous les cas, on peut le ramener à ceci : construire un système S permettant de faire passer un certain donné d'un état 1 à un état 2. Et, pour être complet, il faut ajouter que l'état 2 doit être

[41] L'opposition entre langage de l'objet et langue maternelle est présentée ici de manière évidemment trop schématique. La langue maternelle est aussi susceptible d'évolution au cours du temps, *justement parce que les langues sont, aussi, des techniques*. Ce que nous voulons dire, c'est que la langue s'impose à la plupart des hommes sans qu'ils se soucient de la modifier ; par contre, la technique se présente à l'ensemble de l'humanité comme une réalité constamment perfectible (encore cette conscience de la perfectibilité des techniques n'apparaît-elle que tardivement dans l'histoire des hommes : elle n'existe pas du tout chez les peuples primitifs encore observables par les ethnographes).

« supérieur » à l'état 1. Nous nous pencherons plus loin sur la nature de cette supériorité. Limitons-nous pour le moment à ce caractère du projet technique d'être un passage, de 1 à 2.

Le donné peut être une famille qui cherche un abri : le système S à construire est une maison. Le donné peut être une entreprise commerciale qui cherche à augmenter ses ventes : le système à construire est un plan de *marketing*. Ce deuxième exemple pour rappeler, comme nous l'avons déjà dit, qu'une technique n'est pas forcément « directement » matérielle.

Quels sont alors les éléments de la technique ? La première détermination qui s'impose est qu'il y a toujours un avant et un après : l'état 1 d'abord, l'état 2 ensuite. C'est l'idée de progrès, de progression, de processus, c'est-à-dire d'étapes successives. C'est la temporalité de la technique. La technique est pétrie de temps : *time is money*, sans doute, mais *technology is time* [42].

Mais il ne suffit pas que l'état 2 succède à l'état 1. Le temps, essentiel et constitutif de la technique, ne suffit pas. D'ailleurs, la magie et l'art, dont nous avons montré la connexité avec la technique, nécessitent des opérations qui prennent également un certain temps. Mais la différence est justement ici déterminante. L'acte technique, l'acte magique et l'acte artistique prennent du temps, bien sûr. Mais seule la technique *évolue* au cours du temps. Le sidérurgiste ne travaille plus en 2005 comme il travaillait en 1900 ou au XVIIIème siècle. Par contre, les procédés magiques sont immuables : l'idée même de perfectionner un charme est contradictoire. D'un autre côté, l'art présente un autre rapport au temps. On pourrait dire que l'artiste travaille « hors du temps », dans la mesure où il cherche à produire une oeuvre non-perfectible (s'il la reconnaît comme perfectible, il la perfectionne). La succession des styles, bien étudiée par les historiens de l'art, ne contredit pas ce que je viens de dire. Les styles se succèdent, et

[42] Pour Bernard Stiegler, dans un ouvrage judicieusement intitulé *La technique et le temps*, la technique est même « *l'horizon de toute possibilité à venir et de toute possibilité d'avenir* ». Voir *La technique et le temps. Tome 1. La faute d'Epiméthée*, Galilée, Paris, 1994 , et *La technique et le temps. Tome 2. La désorientation*, Galilée, Paris, 1996.

l'on peut si l'on veut y voir un lent processus de perfectionnement, ou du moins d'évolution. Mais quand on envisage la production d'*une* oeuvre (symphonie, tableau...), celle-ci est par définition unique, absolue et intemporelle. Cette aspiration d'absolu est totalement étrangère à la technique.

Etablir un rapport entre temps et technique nous conduit évidemment à reprendre la grande idée de *Sein und Zeit*. Quand Heidegger dit « *le sens de l'être de cet étant, que nous nommons Dasein, va se révéler être la temporellité* »[43], quand il découvre qu'il faut « *donner une explication originale du temps comme horizon de l'entente de l'être et le faire à partir de la temporellité comme être du Dasein qui entend l'être* »[44], et quand enfin il conclut « *si l'être doit être conçu à partir du temps* (...) *l'être lui-même devient alors du même coup visible dans son caractère temporel* »[45], il affirme l'impossibilité de concevoir l'être autrement que par rapport au temps. Et si nous voyons le rapport entre l'être et l'objet (ou la technique), la temporalité (ou temporellité, dans le vocabulaire heideggerien) de la technique s'affirme presque *a priori*. Le caractère temporel de la technique, naïvement perçu dans l'observation immédiate et dans l'histoire, devient ainsi une marque de sa proximité à l'être. C'est parce que la technique est une détermination du *Dasein* – l'homme dans le temps de ses besoins et dans l'attente de ses désirs – que la temporalité est sa première détermination.

Cependant, le temps ne suffit pas pour déterminer la technique. Si l'état 2 doit succéder à l'état 1, il doit aussi, avons-nous dit, lui être supérieur. Pour juger de cette supériorité, il faut une évaluation, c'est-à-dire qu'il faut pouvoir attribuer aux états 1 et 2 une « valeur ». Et donc le passage de 1 à 2 est aussi un changement de valeur : la technique, temporelle ou historique, est aussi intrinsèquement économique.

Cette deuxième détermination de la technique est une nouvelle manière de dire que la technique est « humaine ». Elle est humaine parce qu'elle est historique, parce qu'elle fait partie

---

[43] M. Heidegger, *op. cit.*, 1986, p. 42.
[44] M. Heidegger, *op. cit.*, p. 43.
[45] M. Heidegger, *op. cit.*, p. 44.

de l'histoire (l'histoire des hommes). Elle est humaine parce qu'elle est économique, qu'elle concerne les intérêts (les besoins) des hommes.

Il résulte immédiatement de l'économicité de la technique deux sous-déterminations. La technique est quantifiante et elle est organisationnelle.

C'est la méditation sur la valeur, c'est la pratique même de l'évaluation qui conduit au nombre, à la quantité, car quand il s'agit de comparer (l'état 1 et l'état 2), ce sera toujours en termes de plus et de moins (plus ou moins de satisfaction). Nous sommes ici au coeur de l'essence de la technique : l'homme, le besoin de l'homme. Tant que l'animal éprouve son besoin (par exemple alimentaire) et qu'il le satisfait par ses gestes instinctifs, la technique est impossible. Pour atteindre à l'acte technique (pour que l'homme sorte de l'animalité), il faut que la conscience distingue entre l'état 1 et l'état 2, et cette distinction est temporelle (avant et après) mais aussi économique (2 « plus » que 1). C'est alors par le biais du langage que de ces préoccupations économiques naîtront l'arithmétique (évaluer des objets successifs : deux chèvres, trois chèvres...) et la géométrie (mon morceau de viande est « plus grand » que ton morceau de viande). Nous voyons ici que la mathématique – la science la plus abstraite – est une technique « appliquée ». Comme toute science, elle trouve sa source dans la technique. L'homme a appris à évaluer l'ampleur des moyens de satisfaction de ses besoins concrets avant de savoir compter et mesurer.

Attribuer une valeur à quelque chose, ce sera donc caractériser celle-ci par un nombre. La technique est une activité inséparable (sauf dans ses tout premiers moments, alors que la notion de nombre n'est pas encore présente) du quantitatif. Aujourd'hui, l'homme ordinaire parle des choses qualitativement, en général. Il dit que telle substance est dangereuse, ou que telle destination est éloignée, ou que telle charge est lourde. L'ingénieur quantifie toujours : ceci pèse 250 kilogrammes, cela se trouve à 13 kilomètres, ce produit est toxique si la dose dépasse autant de grammes ou de milligrammes... Mais la quantification nécessite un effort intellectuel. La technique est un effort. Un travail...

Une activité « économique » est forcément quantifiante. Elle est aussi forcément « organisationnelle ». Je veux dire que dès qu'il y a projet de passer de l'état 1 à l'état 2, les états étant distingués non seulement dans le temps mais aussi sur une échelle de valeur, il y a mobilisation de moyens (des ressources) pour atteindre la fin. Cette mobilisation des moyens signifie qu'il faudra les utiliser adéquatement, car ces moyens sont toujours limités. C'est l'organisation : passer de la constatation du besoin à la réalisation de ce qui le comblera nécessite toute une stratégie (nous avons dit que la technique est une activité intellectuelle). L'intelligence est ici en opposition avec le besoin de liberté. Pour atteindre mon objectif, j'aimerais y aller tout de suite, ou mieux encore, j'aimerais ne rien devoir faire, et que l'objectif soit atteint malgré tout. C'est l'enfant qui dit « je veux ». Mais le technicien sait bien qu'il doit, parfois longuement, parcourir de nombreuses étapes afin d'atteindre son but. C'est toute la différence entre le graffiti et l'écriture, entre la rêverie et le calcul, entre la détente et l'effort, entre le salon et l'atelier.

La technique est économique : c'est la recherche du mieux. Mais cela implique résignations et combats. Le cheval de Troie et la tour de Babel ne furent pas construits sans peine.

La troisième détermination de la technique est la communication.

La détermination historique n'est pas spécifique de la technique. Toute oeuvre humaine, ne serait-ce qu'une sieste, se déroule forcément dans le temps. La détermination économique est par contre plus étroitement liée à la technique. Mais ce n'est pas l'économicité de la technique, pas plus que son historicité, qui explique son efficacité.

La communication est la détermination la plus essentielle, parce que c'est elle qui permet à l'acte technique d'atteindre son but, de se distinguer de la magie ou du rêve.

Si la technique est le langage de l'objet, ce langage distingue des « sous-objets », ce qui lui permet d'en parler. Rappelons-nous notre feuille blanche. J'ai devant moi un objet que j'appelle « feuille ». Mais je peux considérer aussi que j'ai devant moi, liés à cet objet, quantité d'autres objets comme par exemple le bord supérieur, le verso, la blancheur ou l'opacité, le poids ou la forme, la partie qui se trouve en haut à droite, etc. Les Grecs ont imaginé (car il faut faire appel à l'imagination, l'objet en question échappe à la perception concrète) un objet « sans parties ». C'est le point géométrique[46]. Mais même si vous pensez à un point, vous pourrez encore lui associer des sous-objets. Certes, vous ne pourrez plus parler de son bord supérieur ou de son verso. Mais il est impossible à l'imagination humaine de penser à un point sans penser au moins à ce qui l'entoure. Et votre point peut ainsi se trouver « à gauche » ou « derrière » un autre point, et ainsi de suite.

Nous retrouvons ici les méditations cartésiennes sur l'étendue. Il est impossible de penser un objet sans penser à ce qui l'entoure. D'où l'idée de Descartes que l'étendue (l'espace) est inhérente à la matière. On sait que Kant fera de l'espace une des catégories de l'entendement. Mais ce ne sont pas ici les recherches métaphysiques de Kant et de Descartes qui nous préoccupent. Le fait est que, pour le technicien, l'objet est toujours formé de sous-objets. Il a, comme nous avons dit, une structure.

Il est alors possible de nommer ces sous-objets, par exemple à l'aide de lettres majuscules, et tel objet O sera formé de A, de B, de C, etc. Le moteur à essence M est formé, par exemple, d'un piston P, d'un cylindre C, d'une bielle B, et ainsi de suite. Psychologiquement, ce qui compte n'est pas à vrai dire la dénomination de ces sous-objets, mais l'attention qui conduit à les distinguer. La pensée technicienne commence avec le discernement.

Et voici maintenant en quoi la technique est communicationnelle. Dans tout système technique, du plus simple (comme une hache préhistorique formée d'un tranchant T et d'un manche M) au plus complexe (comme un réseau

---

[46] Les historiens de la pensée grecque n'ont pas tous remarqué que l'atome de Démocrite et le point d'Euclide résultent de la même expérience mentale, celle de la division répétée jusqu'à l'impossibilité de poursuivre, parce que l'objet à diviser *n'a plus de parties*.

d'ordinateurs O1, O2, O3, etc., chaque ordinateur étant constitué notamment d'une mémoire comportant les cellules C1, C2, C3, etc., et il peut y avoir des millions d'ordinateurs, et des milliards de cellules...), ce qui est *essentiel* – ce qui engendre l'efficacité du système – c'est l'ensemble des liaisons entre les sous-objets : la communication à l'intérieur du système. Dans une armée efficace, les ordres du général sont transmis jusqu'aux soldats par la chaîne de commandement : communication. Dans une machine efficace, des capteurs enregistrent des données extérieures (températures, positions, pressions...) et des actionneurs transmettent des consignes opératives (déplacements, chauffages...) : communication. Dans une entreprise commerciale efficace, il y a un flux d'informations entrantes (le courrier avec ses bons de commande, factures, etc.) et un flux d'informations sortantes (courrier expédié, coups de téléphone, etc.) : communication.

Si l'on réduit la technique à un langage de l'objet, il faut pour déterminer plus précisément la technique définir ce langage et définir cet objet. C'est par la communication que les deux sont liés. Tout objet est structuré, et le langage de l'objet doit être comme un calque de cette structure. Si le langage interprète mal les structures de l'objet, l'on aboutit à une technique inefficace [47].

Prenons comme exemple l'alchimie, technique (répondant au besoin de l'homme de posséder des richesses) dont le but est de transformer du plomb en or. Le langage de l'alchimie est basé sur une analyse incorrecte des objets que sont les métaux. La transmutation en or « ne marche pas », malgré les siècles d'efforts des alchimistes. C'est que l'alchimie est basée sur une description des métaux qui s'attache à des sous-objets ne déterminant pas leur structure : couleur, fusibilité, densité. Il faudra l'avènement de la chimie nucléaire pour comprendre que ce qui fait la différence entre le plomb et

---

47 Cette remarque est fondamentale. La technique est plus ou moins efficace. Elle n'est pas infaillible. Il faudrait, pour qu'elle le soit, qu'elle ait atteint une connaissance achevée de l'objet, ce qui est impossible, l'objet étant, par rapport à l'homme, d'une complexité inépuisable.

l'or se situe dans des sous-objets (les noyaux des atomes) inaccessibles, du moins avec les moyens disponibles dans les laboratoires d'alchimie.

L'exemple de la machine à mouvement perpétuel est également bien connu. Il est à craindre que certains projets contemporains, comme celui de fournir à plus de sept milliards d'hommes une nourriture abondante et diversifiée, soient également basés sur une analyse incorrecte de l'objet.

La technique dit non à certains désirs des hommes. C'est peut-être aussi un facteur de technophobie.

Dire que la technique est communicationnelle, c'est reconnaître que tout dispositif technique est un système de communication, et que c'est la plus ou moins grande réussite de cette communication qui garantit l'efficacité du système. Cela est tout à fait évident pour les systèmes techniques que sont les organisations de production : l'organigramme d'une banque (qui produit des services financiers), d'un atelier de mécanique (qui produit des tiges filetées ou des cames), d'un ministère (qui produit des actes administratifs) est essentiellement un schéma de communication entre les éléments de « ressources humaines » de la banque, de l'atelier, du ministère. A la communication interne (entre le chef de service et ses subordonnés, ou entre les membres d'une même équipe) s'ajoute bien entendu la communication externe, l'organisation devant traiter un flux d'informations vers le monde extérieur ou venant de celui-ci.

Nous devons rappeler ici le principe fondamental de la communication technique, qui est la rétroaction ou *feedback*.

L'invention est due à James Watt, le célèbre améliorateur de la machine à vapeur [48]. C'est le régulateur à boules. Quand la machine à vapeur tourne plus rapidement, elle anime un dispositif formé de deux boules tournant autour d'un axe vertical qui, en se soulevant sous l'effet de la force centrifuge, agissent sur l'admission de vapeur dans le cylindre. Comme il y a un moindre débit de vapeur, la vitesse de la

---

[48] Watt n'est pas l'inventeur de la machine à vapeur. Il a perfectionné, de manière remarquable, la machine de Newcomen, elle-même perfectionnement de la machine de Savery.

machine diminue, et donc les boules du régulateur tournent moins vite. La force centrifuge diminue également, et les boules reprennent leur position initiale, ce qui a pour effet de replacer le mécanisme d'admission de la vapeur dans son état initial. Il y a donc de nouveau plus de vapeur, la vitesse de la machine augmente, les boules se soulèvent, et le cycle recommence... Ce qui est caractéristique de ce *feedback*, c'est une communication à double sens. La machine communique sa vitesse au régulateur, et celui-ci communique une action (diminuer le débit entrant de vapeur) à la machine. Toutes les machines automatiques (cybernétiques, comme on disait au lendemain de la seconde guerre mondiale) fonctionnent grâce à cette double communication.

Il me paraît intéressant de rappeler la définition du *feedback* donnée par Norbert Wiener, le fondateur de la cybernétique : « *the property of being able to adjust future conduct by past performance* »[49]. Ajuster le futur au passé : même dans sa détermination communicationnelle, la technique n'échappe pas au temps. Le langage de l'objet relie passé et futur, moins-value et plus-value, et *certains* sous-objets entre eux.

La communication a donc lieu à la fois dans le temps et dans l'espace. Voilà finalement l'essence de la technique : une communication réussie qui, à travers le temps, transmet de certains endroits à certains autres une *information agissante* source de valeur.

Mais comment, par quel miracle du langage de l'objet, les mots de ce langage sont-ils effectivement agissants et sources de valeur ?

L'ingénieur qui, en 2005, grave le silicium et l'arséniure de gallium en traçant des traits d'une largeur inférieure au micromètre, ne le sait pas davantage que son lointain ancêtre qui, il y a des centaines de millénaires, cassait brutalement des cailloux pour obtenir de grossiers tranchants. Il sait qu'il doit relier par un métal conducteur le point A au point

---

[49] N. Wiener : *The human use of human beings. Cybernetics and society*, Houghton Mifflin, Boston, 1950.

B, et qu'il doit disposer un matériau isolant entre le point B et le point C. Il peut ainsi construire des systèmes d'une étonnante complexité, où le jeu des liaisons produit des effets considérables. Mais il ne « comprend » le fonctionnement de son système que « de l'extérieur ». Il ne sait pas ce qu'*est* l'objet, mais il a déterminé un nombre considérable de sous-objets qu'il est capable de faire communiquer, et qui lui donnent de l'énergie (les centrales nucléaires), des nourritures (les cultures génétiquement dirigées), et des loisirs inouïs (musiques et images).

La philosophie de la technique, dont l'analyse va jusqu'à l'objet, ne peut pas dépasser les capacités explicatives de l'ontologie. Elle bute sur la définition du « ça », comme les ontologies ont toujours buté sur la définition ultime de l'être. Et diversifier le vocabulaire (phénomène et noumène, *Dasein*, etc.) n'y change malheureusement rien.

Mais contrairement aux ontologies « classiques », la philosophie de la technique (qui est, nous l'avons vu, une métaphysique de l'objet) ne se présente pas à l'homme les mains vides. Elle ne sait peut-être pas mieux que les ontologies de Platon, d'Aristote, de Kant et de Heidegger ce que sont le bien, le beau et le vrai. Mais elle sait ce qu'est l'efficace. La philosophie de la technique décrit non les rêves de l'humanité, mais les réalisations des hommes. C'est peut-être la grande leçon à retenir de notre effort, pourtant bien inachevé. Que les désirs des hommes – qui vont bien au-delà de ses besoins – doivent être examinés avec la sérénité et le sérieux du technicien. Et que, s'il est vrai qu'il ne suffit pas de comprendre le monde mais qu'il s'agit de le transformer, on ne pourra pas le transformer *n'importe comment*.

Les quatre axes de la technique

On ne peut pas tout faire !

Mais la technique (surtout depuis qu'elle est devenue technologie) peut tout de même faire beaucoup.

Les efforts de la technique concernent l'objet, se déploient dans la réalité matérielle.

Etant donné le lien profond que nous avons mis en évidence entre science et technique, nous ne nous étonnons pas de pouvoir découper cette réalité matérielle, du point de vue du technicien, comme le fait la science. Il y a l'espace et le temps, il y a la matière, l'énergie et l'information[50].

Bien sûr, la physique contemporaine va plus loin. Mais la technique n'a pas pour but d'atteindre les « deux infinis », trop distants du corps humain, et il faut toujours en revenir à cette évidence : la technique concerne les hommes, et les corps des hommes. Le très grand (l'astrophysique des lointaines galaxies) ne concerne pas la technique. Le très petit (la physique des particules sous-jacentes aux neutrons et aux électrons) ne concerne pas la technique. Il y a déjà tant à faire entre le millième de micromètre et le million de kilomètres [51].

Etant donné que le temps est constitutif de la technique, nous pouvons étudier les potentialités de celle-ci selon les quatre axes que nous venons de rappeler : espace, matière, énergie et information. Ce sont les quatre « constituants » du monde, tel que nous le comprenons aujourd'hui.

A propos du temps, remarquons bien que la technologie n'ignore nullement la relativité du temps et de l'espace telle que décrite par les équations einsteiniennes. Elle exploite d'ailleurs ces équations dans deux domaines d'une importance considérable : la production d'énergie (par fission ou par fusion de noyaux atomiques) et l'ensemble des techniques dites

---

[50] Un autre découpage consisterait à inventorier et à classer les besoins humains. Mais l'on aboutirait à la même énumération des techniques. Dire « réalité matérielle », cela signifie aussi rappeler la « nature corporelle » de l'homme. Enfin, les écoles techniques disposent évidemment d'une classification des techniques en tant que disciplines enseignées, mais elle est basée sur des traditions pédagogiques parfois très anciennes. Des oppositions comme « mécanique et électromécanique » ou « chimie minérale et chimie organique » n'ont plus de sens aujourd'hui. Mais on les trouve encore dans bien des enseignements.

[51] L'ordre de grandeur de la distance entre la Terre et la Lune est d'un demi-million de kilomètres. C'est une distance parfaitement « maîtrisée » dans l'état actuel de la technologie.

nucléaires, depuis les méthodes d'analyse utilisant les propriétés de la radioactivité, comme par exemple l'activation neutronique, jusqu'aux techniques médicales utilisant les rayonnements ionisants. Mais nous pouvons néanmoins nous en tenir à nos quatre axes, et classer les activités techniciennes, qui concernent les besoins de l'homme, en partant de la réalité physique macroscopique.

Il y a donc les techniques de l'espace.

C'est le génie civil pour construire les ouvrages d'art : routes, ponts, canaux, barrages, chemins de fer... C'est l'architecture et l'urbanisme, qui s'occupent, à petite ou à grande échelle, de l'aménagement de l'espace. C'est enfin l'ensemble des techniques de transport[52], qui assurent le passage de personnes ou de biens d'un point à l'autre de l'espace accessible (à vrai dire, jusqu'aux confins du système solaire, du moins pour des véhicules inhabités quand il s'agit des plus grandes distances).

Il y a les techniques de la matière. Ce sont toutes les techniques qui transforment des substances récoltées (animaux et végétaux, minerais, pétrole...), matières premières rarement utilisables telles quelles, en substances utiles (produits alimentaires, matériaux de construction...) ou en dispositifs divers (instruments, machines, véhicules, vêtements...).

Il y a les techniques de l'énergie.

Il y a, enfin, les techniques de l'information.

Toute activité technique peut être ramenée à une de ces quatres classes.

Notons que les « techniques de la vie » ou « biotechniques » (microbiotechnie, phytotechnie, zootechnie et médecine) ne sont pas oubliées dans notre schéma, mais y sont dispersées. La sylviculture, par exemple, qui fait partie de la phytotechnie, concerne à la fois l'espace (rôle des forêts dans la constitution des paysages et donc dans les techniques d'aménagement de l'espace), la matière (le bois est un

---

[52] Il ne faut pas confondre les techniques de transport, « spatiales », que les ingénieurs appellent la logistique, et les techniques de construction des véhicules, qui appartiennent aux techniques de l'axe de la matière.

matériau), l'énergie (le bois est un combustible) et même l'information (dans la mesure où la « biotechnologie », même forestière, est la mise en oeuvre technique des possibilités du *code* génétique). La médecine, autre exemple, est évidemment une technique de la matière, de la matière constitutive du corps humain et des matières (aliments, poisons, médicaments) susceptibles d'agir sur le corps humain. Mais c'est aussi une technique de l'information, dans la mesure où l'on tient compte de la « relation malade-médecin » dans le processus de guérison (anamnèse, psychothérapie, médecine « psychosomatique »...). Et si l'on considère la médecine psychiatrique, celle-ci n'est même plus, dans certains cas, que technique d'information, puisque les actes médicaux se réduisent parfois à des interrogations et des discours.

Il nous paraît très suggestif de noter qu'en parcourant la série des techniques de l'espace, de la matière, de l'énergie et de l'information, on s'éloigne de plus en plus de l'expérience quotidienne, et que les concepts nécessaires à la compréhension deviennent de plus en plus difficiles.

Tout le monde sait ce qu'est un pont ou une chaussée, ou même une écluse, et les techniques de l'espace ont quelque chose de familier et de banal. La chose varie d'un pays à l'autre, mais généralement la formation de l'architecte (le technicien spécialiste de l'organisation de l'espace) fait peu appel aux sciences mathématiques et physicochimiques, et il mérite rarement le titre d'*ingénieur* au sens contemporain du terme.

Quant aux techniques de la matière, l'homme non technicien y trouve encore une certaine familiarité. Il est assez facile de comprendre l'usinage – qui consiste à *couper* dans un matériau – ou des techniques comme le pliage, le soudage, le collage, le moulage, etc. Mais on rencontre déjà ici les difficultés de la chimie : pas moyen de comprendre l'aciérie ou la production des matières plastiques sans avoir acquis une certaine représentation des phénomènes moléculaires. Avec les techniques de la matière, par rapport à celles de l'espace, on s'éloigne du sens commun.

On s'en éloigne encore davantage avec les techniques de l'énergie, qui sont encore plus hermétiques. Certes, tout le monde a l'expérience de la combustion, ou de la douce chaleur des rayons du soleil. Mais en dehors de cela, il faut une formation poussée en thermodynamique pour comprendre ce qu'est l'enthalpie de la vapeur d'eau, ce qu'est l'entropie, ce qu'est l'induction électromagnétique. L'on ne s'étonne pas de retrouver cette séquence dans l'histoire. Les techniques de l'espace existent déjà à un haut niveau d'efficacité dans la haute antiquité : pyramides d'Egypte, ziggourats babyloniennes... Au Moyen Age (techniquement contemporain de l'antiquité), les bâtisseurs des cathédrales et des châteaux-forts ont été justement admirés. Puis, les techniques de la matière apparaissent : l'alchimie date de la fin de l'antiquité et se développe au Moyen Age, se transformant lentement en chimie. La métallurgie se développe considérablement au Moyen Age, en relation d'ailleurs avec les progrès de l'alchimie, et aussi du fait de l'innovation technique que fut l'apparition de l'artillerie pyrotechnique, grande consommatrice de métaux.

Les techniques de l'énergie sont encore plus récentes. Le feu est certes connu depuis longtemps, mais son utilisation pendant longtemps fut rudimentaire. La machine à vapeur n'apparaît qu'au XVIIIème siècle – elle sera le symbole même de la Révolution industrielle. Et il y a aussi, à l'extrême fin de ce siècle décisif (comme nous l'avons dit avec insistance, la technique devient technologie), l'apparition du gaz de houille, combustible tout à fait nouveau, et, surtout, la mise au point par l'Italien Alexandre Volta de la pile électrique, dispositif commode de production de courant électrique, annonciateur de la deuxième Révolution industrielle, qui débutera vers 1870, et qui sera la révolution de l'électricité.

Et enfin, les techniques de l'information sont les dernières nées – celles qui, complétant notre tableau, achèveront le passage de la technique à la technologie. Chappe invente le télégraphe optique vers 1790, Babbage conçoit son *analytical engine* (l'ancêtre de l'ordinateur) en 1833, Bell invente le téléphone en 1876, la TSF (télégraphie sans fil) se développe autour de 1900, le radar est mis au point dans les années 1930 par Robert Watson-Watt, le transistor est inventé en 1947 par William Bradford Shockley, John Bardeen et Walter H. Brattain, le premier laser est construit par Theodore H. Maiman en 1960... Cette fois, il n'est plus guère question de *comprendre*. L'intuition basée sur les constatations de la vie quotidienne permet de comprendre les calculs de stabilité des ingénieurs qui construisent une route ou une autoroute (espace). Cette même intuition, avec un effort d'abstraction un peu soutenu (notions d'atome et de molécule, notions de valence et de liaison chimique...), permet de comprendre la structure des matières plastiques ou la différence entre les propriétés de la fonte et de l'acier (matière). Cette intuition, encore, peut s'aventurer dans les circuits électriques ou la thermodynamique des moteurs (énergie). Mais cela devient difficile : il n'est pas possible de vraiment comprendre un champ électromagnétique. Rien dans la réalité quotidienne n'y correspond. Quant aux phénomènes impliqués par les techniques de l'information, ils sont totalement incompréhensibles. Bien sûr, les ingénieurs mettent en équations les caractéristiques quantiques de conduction du silicium, mais ce n'est pas intuitivement appréhendable. La transmission d'un signal dans une fibre optique ne correspond à rien dans l'expérience courante de l'homme qui ne fréquente pas les laboratoires. Nous retrouvons ici une source d'ignorance et de ressentiment, dont nous avons déjà signalé le rôle dans la constitution de la technophobie contemporaine.

L'objet et l'espace

Les techniques de l'espace sont les plus anciennes, car l'homme doit d'abord se déplacer et s'abriter avant de songer à travailler la matière, avant de songer à exploiter l'énergie, et bien avant de songer à utiliser de l'information (invention, relativement tardive, en effet, du langage, puis de l'écriture, de l'enseignement...).

Il y a deux éléments qui déterminent le vaste domaine des techniques de l'espace. D'une part, il y a le besoin de se déplacer, et de déplacer des choses : techniques de transport.

D'autre part, il y a le besoin de s'abriter, de s'enfermer dans un lieu clos : techniques de construction. Mouvement et protection.

Ici, l'espace est entouré, cloisonné, *affirmé*. En construisant son abri, l'homme fige l'espace qui l'entoure, il lui donne consistance, importance. L'homme découvre ainsi la circonférence, la sphère, les cloisons, les surfaces. Les techniques de construction sont enveloppantes, circulaires et surfaciques. On pourrait les dire femelles.

Là, par contre, dans les techniques de transport, l'espace est traversé, percé, vaincu, *nié*. En poursuivant son chemin, l'homme annule l'espace qui l'entoure, il l'efface, ou en tout cas il le diminue. L'homme découvre alors la ligne, la droite, la flèche de direction. Les techniques de transport (d'abord la simple percée faite dans la végétation qui deviendra un chemin, puis une route, et aujourd'hui un réseau complexe de communications : autoroutes, voies ferrées, « canaux » aériens...) sont pénétrantes, dirigées et linéaires. On pourrait les dire mâles.

Il est intéressant de noter que nous sommes, historiquement, avec les techniques de l'espace dans leur essence même, à un stade encore très ancien de l'aventure humaine. C'est alors – avec les premiers chemins et les premiers abris – que deux concepts se forment, qui seront décisifs pour le développement de la pensée, celui de la négation et celui de l'addition. Clore un espace, c'est nier, c'est-à-dire distinguer l'ici et le là. C'est-à-dire l'ici et le non-ici. Etablir un chemin, c'est toujours ajouter, à un trajet déjà parcouru, un trajet encore à parcourir...

Faut-il rappeler que Hegel définissait la pensée comme « *la négation de ce qui est devant nous* », et qu'en effet aucune élaboration intellectuelle aussi rudimentaire soit-elle (sans même parler de dialectique) ne peut être envisagée sans les idées du oui et du non ? C'est en construisant ses premiers abris et en traçant ses premiers chemins – bien avant l'invention du langage – que l'homme a trouvé les premiers linéaments de sa raison.

Par quelles suites de raisonnements, de méditations, d'essais, l'humanité est-elle parvenue à appliquer l'élément constructif (le rond) au problème (linéaire) du transport, en inventant la roue ? Il est impossible de le savoir, mais une détermination de la technique que nous avons reconnue est déjà clairement présente à ce moment encore primitif de la technique : la correspondance entre les éléments constituants, c'est-à-dire la communication. La roue facilite le transport, permet le déplacement de matériaux de construction en plus grandes quantités, et l'amélioration du transport améliore maintenant la construction. Ainsi la technique se fonde et se développe, chaque innovation dans un domaine rejaillissant, tôt ou tard, sur les autres. Nous n'allons par suivre le lent progrès technique qui va des premières roues à la navette spatiale et au *jumbo-jet*. Qu'il nous suffise de méditer sur l'aménagement de l'espace comme partie essentielle, primitive (dans le sens de première et de primordiale) de la technique. Ayant construit des chemins, des maisons, des routes, des canaux, des villes, des voies aériennes qui relient ces villes, l'homme a organisé l'espace. Il en a compris la finitude et l'hétérogénéité. Un hectare au Sahara n'a pas la même valeur qu'un hectare en Normandie. Les techniques de l'espace posent la question de l'environnement. Très tôt dans son histoire, l'homme a construit des maisons pour isoler son espace de vie – son *living-room* –, pour se protéger du soleil et du vent, pour se protéger des bêtes sauvages, et aussi pour se protéger des autres hommes.

Mais l'homme clôture aussi des espaces où il ne vit pas. Il construit des temples pour ses dieux, il aménage des enceintes pour délimiter certains espaces sacrés. Il organise aussi des espaces pour son simple plaisir. Un jardin d'André Le Nôtre, le *swimming-pool* d'un grand hôtel, la tour Eiffel, un stade pour le football procèdent du même besoin, le besoin d'espaces privilégiés. Il faudrait ici étudier les relations entre architecture religieuse et architecture profane, découvrir ce qui reste de sacralisé dans les techniques constructives même contemporaines, percevoir, dans une recherche de psychanalyse sociale qui serait aussi une dimension de la réflexion sur la technique, de quelle nature profonde est la relation entre l'homme et sa maison d'une part (construction, l'élément femelle) et sa voiture d'autre part (transport, l'élément mâle). Le binôme maisonvoiture assure à l'homme moderne la maîtrise de l'espace. Le secteur de la construction et l'industrie automobile sont, au début du XXIème siècle encore, les deux principaux piliers de la vie économique.

Ayant compris le caractère « sphérique » (utérin) de la construction et le caractère « rectiligne » (phallique) du transport, il est intéressant de noter en outre qu'actuellement, en Europe occidentale en tout cas, la maison est orientée vers le passé – symbole de tradition, de conservation d'anciennes valeurs, de calme et de sérénité, utilisation de matériaux « traditionnels » (la pierre, le bois...) – alors que la voiture (et plus généralement les véhicules) est orientée vers l'avenir – symbole de nouveauté, de changement, de force et de violence, utilisation de matériaux « nouveaux » (acier, aluminium, matières plastiques...).

Il faudrait également étudier ici les relations entre le sacré, l'esthétique et l'efficace.

Retenons la bipolarité mâle-femelle des techniques de l'espace, et n'oublions pas que toute une science, la géométrie, qui fut d'abord l'étude des lignes droites et des circonférences (la règle et le compas), en est issue.

L'objet et la matière

De même que l'espace est double pour l'homme (enveloppe et distance), la matière se présente d'emblée à l'action par une double série de propriétés. Il y a les propriétés de toute matière en tant que substance (ce dont les choses sont faites) et en tant que matériau (ce dont on fait les choses).

Il y a les propriétés d'usage. L'or est jaune et brillant, la pierre est grise et lourde, la plume est blanche et légère... Et il y a les propriétés des divers matériaux qui conditionnent leur mise en oeuvre. L'or est fusible, si l'on dispose d'une chaleur suffisante. Le cuivre est malléable. Le bois est cassant et combustible. La pierre peut être polie...

Cette distinction entre propriétés d'usage et propriétés de mise en oeuvre n'a pu être théorisée que tardivement, car il a fallu conceptualiser l'opposition entre propriétés physiques et propriétés chimiques (qui ne deviendra claire qu'avec la notion lavoisienne d'élément), car il a fallu attendre les débuts de la production industrielle pour dissocier clairement, dans toute production d'un quelconque objet technique, la phase de conception (choix des matériaux, de leur agencement...) et la phase de production (exécution des processus de mise en oeuvre et d'assemblage). En fait, ce n'est que depuis les années 1980 que les ingénieurs disposent d'une terminologie qui exprime clairement ce schéma binaire, puisque l'on parle maintenant de *conceptique* et de *productique*, pour désigner les deux activités complémentaires du « *manufacturing* » : celle du bureau d'études (les ingénieurs, de plus en plus remplacés par des ordinateurs, qui *calculent*) et celle de l'atelier (les ouvriers, de plus en plus remplacés par des robots, qui *manipulent*).

La science contemple les matériaux, est fascinée par leur étrange diversité, collectionne les substances, et recherche une unité derrière cette multiplicité. C'est le point de départ de la réflexion « scientifique », quand Thalès de Milet croit découvrir que l'eau est l'origine de toutes choses.

L'industrie utilise les matériaux, exploite leur diversité (qui n'est jamais suffisante), fait le commerce de la matière. Le silex dont on fait les haches, la cassitérite qui transforme le cuivre en bronze pour les belles armes, les matières que l'on mange – grain d'Egypte, huile de Grèce, vin d'Italie –, les argiles pour les amphores, les cruches et les marmites, l'or, le fer... C'est le point de départ de la production « industrielle », quand les riverains du Nil exportent leurs poteries, leurs céréales, le verre qu'ils *inventent*, quand les entreprises du quartier du Céramique, à Athènes entre l'Agora et la porte Dipyle, là où commençait la route vers Eleusis, étudient les cuissons pour produire mieux et plus vite des centaines de pithos, d'amphores diverses, de cratères (à volutes ou à colonnettes), de stamnos, de loutrophores, de canthares, de pyxides, de phiales, d'aryballes (piriformes ou globulaires), d'alabastres, de lécythes, de lékaris et de coupes, que l'on vendra partout dans le monde antique.

Les premiers industriels cherchent aussi une unité derrière la multiplicité des matières, devenues marchandises. Ils ont découvert l'*échange*, que l'on appelle aussi commerce. Du blé contre de l'or. De l'huile contre de l'ambre. Du fer contre du vin. Si la science, contemplation, a toujours quelque chose de solitaire, l'industrie est d'emblée, par sa nature même, sociale. Il faut, au moins, deux hommes : un fournisseur et un client.

Et l'industrie *invente* l'arithmétique pour la tenue des comptes, la géométrie des surfaces pour évaluer les champs et les étoffes, la géométrie des volumes pour évaluer le contenu des amphores d'huile ou de vin, l'astronomie pour guider les bateaux et les caravanes transportant les marchandises, l'écriture pour prouver les contrats. Il faut se souvenir, dans six mois quand le bateau revient, des clauses d'échange convenues.

La technique qui est en train de naître chez ces Sumériens du Tigre et de l'Euphrate, chez ces Egyptiens du Nil, chez ces navigateurs de la mer Ionienne, entre science et industrie, est la maîtrise du temps (par le souvenir fixé dans la tablette d'argile ou sur le papyrus). La technique, c'est le temps, quand le marchand revient d'un long voyage. Le temps s'est transformé en matière. La patience s'est transformée en possession. Deux semaines pour attendre l'argile du cap Kolias. Deux mois pour attendre le blé du Nil. Six mois pour attendre le cuivre de Chypre. Un an pour attendre l'ambre de la mer Baltique. Le génie technique est une longue patience.

C'est évidemment avec les techniques de la matière que l'on perçoit le mieux la relation intrinsèque entre technique et économie. Les historiens des sciences, qui signalent Lavoisier comme un des plus grands chimistes, le fondateur à vrai dire de la chimie « moderne » (*rien ne se perd, rien ne se crée*), n'oublient pas que c'était, d'abord, un financier, qui transposera au monde de la matière son expérience professionnelle de fermier général et de comptable : les fortunes ne se forment pas *ex nihilo*.

L'objet et l'énergie

La notion d'espace – c'est-à-dire les idées de frontière, de parcours, de distance, de superficie, de volume, etc. – est extrêmement ancienne. La notion de matière est beaucoup plus récente dans l'histoire intellectuelle de l'humanité. Il faudra attendre les physiciens de Milet (au VIème siècle avant notre ère) pour que cette notion fasse l'objet d'un début de théorisation. Mais la notion d'énergie est tout à fait récente.

Ce n'est en réalité qu'au XIXème siècle (à la suite des réflexions des ingénieurs[53] sur le fonctionnement des machines à vapeur) que les physiciens finiront par dégager clairement le concept d'énergie des notions voisines, et mal distinguées pendant longtemps, de force, de puissance, de travail, de chaleur, de mouvement...

Evidemment, les techniciens produisaient déjà de l'énergie depuis le début même de l'histoire de la technique, mais sans bien comprendre. La première énergie exploitée par l'humanité fut l'énergie musculaire de l'homme (c'est-à-dire, en fait, l'énergie solaire transformée en « biomasse » servant à l'alimentation humaine). Exploitation de l'homme par l'homme, dira-t-on. Il faudra la machine pour libérer l'homme de l'esclavage. Cela prendra du temps.

L'eau qui coule et le vent sont des sources gratuites d'énergie mécanique. Le Moyen Age sera le temps des châteaux-forts et des cathédrales, mais aussi des moulins – à eau et à vent. Et la navigation à voile, exploitant la force motrice des perturbations atmosphériques, est encore pratiquée aujourd'hui.

Il y a dans le charbon, dans le pétrole, une énergie formidable, concentrée (c'est ce que l'on pourrait appeler de l'énergie solaire condensée). L'humanité trouvera le moyen de s'en servir au XVIIIème siècle, et l'on connaît la suite : Révolution industrielle, guerre franco-anglaise, industrialisation et unification de l'Allemagne, transformation de la technique en technologie, et finalement efficacité technicienne inouïe, induisant une explosion démographique menaçant d'ailleurs la viabilité de l'humanité.

---

[53] Tout particulièrement les Français Jean Hachette, Sadi Carnot et Emile Clapeyron. Le rôle décisif de l'Anglais James Prescott Joule dans l'élaboration de l'idée d'énergie a été bien étudié par Jacques Merleau-Ponty : « La découverte des principes de l'énergie : l'itinéraire de Joule », *Revue d'histoire des sciences* 32(4) : 315-331, 1979.

La maîtrise de l'énergie, croyait-on au XIXème siècle, permettrait de résoudre tous les problèmes humains, et des écrivains optimistes (sachant rêver mais ne sachant pas calculer) dissertaient sur *l'avenir de la science* et *la libération de l'humanité.* Mary Shelley ne doutait pas que la technique (ayant « maîtrisé » l'énergie électrique, c'est-à-dire le principe vital) allait même bientôt vaincre la mort, et Karl Marx se convainquait qu'une simple réorganisation sociale (un peu brutale, il est vrai) conduirait au bonheur universel, les machines produisant plus que le nécessaire. Jules Verne, sans aller jusque là, mieux informé sans doute, prédisait un avenir de confort et de félicité grâce aux *merveilles de l'industrie*, et il savait encore qu'industrie vient d'*industria*, qui veut dire *travail.* Bientôt, grâce aux machines, au charbon, au pétrole, aux équations des ingénieurs, *et au travail des hommes*, grâce à l'organisation scientifique de ce travail, grâce à l'électricité, l'humanité connaîtrait enfin *l'ordre et la beauté, le luxe, le calme et la volupté.* Enfin, le Poète aura raison...

Nous savons maintenant que l'énergie n'est pas gratuite, comme la matière ne l'est pas, comme l'espace ne l'est pas. Des hommes *possèdent* de l'espace, des matériaux (mines métalliques, carrières, forêts...), de l'énergie (mines de charbon ou d'uranium, gisements de pétrole, cours d'eau à haut débit...). D'où la disparité entre les hommes.

Ce n'est pas le problème de la technique.

L'objet et l'information

Reste le quatrième axe, celui de l'information. Notons d'abord qu'il n'y a pas de technique sans information. Nous avons vu qu'une des déterminations de la technique est son caractère « communicationnel », c'est-à-dire la présence, inhérente à tout système technique, d'informations. L'invention de l'outil est déjà, évidemment, la mise en *forme* d'un objet.

Et pourtant, il a fallu attendre la fin du XXème siècle pour que l'on comprenne la nature foncièrement « linguistique » de la technique. Pendant des siècles, l'on a opposé technique et langage (dans le cadre de la vieille opposition entre « manuel » et « intellectuel »), sans voir que *toute technique est langage*. Jusque dans les années 1950, l'on pouvait considérer une hache antique en bronze, un moulin à vent du Moyen Age ou un métier à tisser comme des assemblages de bois et de métal, et l'on s'intéressait aux matériaux, aux formes, et surtout aux mouvements. Dans la mesure où la réflexion sur la technique se hissait au niveau des idées générales, c'est généralement le mouvement qui était considéré comme l'essentiel de tout objet technique (nous verrons plus loin cette idée se développer au cours du XIXème siècle). Il y avait là la très vieille idée que les animaux se distinguent des minéraux et des végétaux par leur mobilité, et que les animaux sont « supérieurs » aux pierres et aux plantes. Et les machines étaient comme des imitations de l'animal[54].

Mais vers 1950, les machines les plus spectaculaires n'étaient plus les moteurs (à vapeur ou électriques) ni toutes les mécaniques animées par ces moteurs, mais les calculateurs électroniques. Et l'on comprit rapidement que l'essentiel[55] de ces machines n'était pas le *hardware* mais le *software*. D'où la compréhension (tardive) que ce qui fait d'un objet un objet technique ne réside pas dans d'éventuels mouvements, mais dans l'information « incarnée » dans cet objet.

Tout dispositif technique est ainsi, aujourd'hui, descriptible au moyen du « paradigme » de la boîte noire, qui comporte comme élément essentiel un ou plusieurs processus de transfert d'information, ou du modèle du langage : ensemble

---

[54] Cela est par exemple très net chez Aristote, ou encore chez Descartes.

[55] J'emploie évidemment, pour faire court, le mot « essentiel » de manière abusive. Un système technique est toujours formé d'un *hardware* et d'un *software*, parce qu'il y a toujours un substrat matériel (la pierre de la hache préhistorique ou le silicium de nos microprocesseurs) et une information correspondant aux liens établis entre certains éléments de ce substrat. Dans une hache, il n'y a guère que la liaison entre la pierre et le manche. Dans un microprocesseur, il y a des *millions* d'éléments (transistors), dont les deux états possibles (ouvert, fermé) constituent les mots d'un langage. Qu'est-ce qui prime, le silicium ou ce langage ? L'un ne va évidemment pas sans l'autre.

fini d'éléments dont la combinaison suivant une syntaxe *construite en fonction du monde objectif* permet de produire un ensemble infini de phrases permettant d'abord de *décrire* le monde, et ensuite de le *modifier*.

Cette notion de phrase *permettant de transformer le monde* n'est nullement métaphorique : les langages informatiques agissent sur les machines dont ils permettent la programmation. C'est avec l'apparition de ces langages informatiques[56] que la philosophie de la technique a compris la nature linguistique de la technique.

Tout système technique peut être représenté par une boîte noire, qui est formée de trois parties, A (une flèche généralement dessinée à gauche), B (un rectangle, la boîte proprement dite) et C (une deuxième flèche, généralement à droite de B).

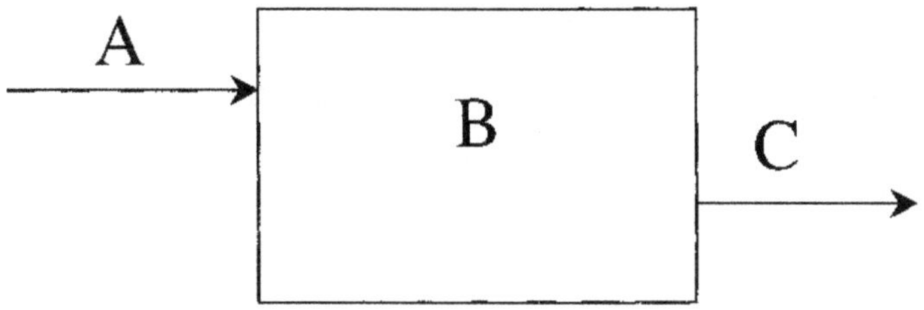

Ce dessin peut représenter aussi bien un moteur d'automobile (A est l'essence, B le moteur, C le mouvement communiqué aux roues motrices), un atelier de poterie (A est l'argile consommée par l'atelier et C l'ensemble des produits finis : assiettes, bols, vases...), un complexe pétrochimique (A est le pipe-line par lequel le complexe est approvisionné en pétrole brut et C l'ensemble des vannes qui conduisent aux divers réservoirs des produits : essence, kérosène, gasoil...), un thermomètre (A étant la température du corps étudié, C la graduation de la colonne de mercure ou l'affichage chiffré de la température s'il s'agit d'un thermomètre digital), etc.

---

[56] Rappelons que le FORTRAN, langage inventé par John Backus pour l'ordinateur IBM 704, date de 1954. C'est l'origine du *software engineering*, ou génie logiciel.

Tout est représentable par le modèle de la boîte noire. Vraiment *tout*. Ceci est une indication du caractère « totalitaire » de la technique, qui ne doit pas nous étonner : langage de l'objet, la technique peut parler *tous* les objets. A peut être l'amour d'un homme pour une femme et C leurs enfants. A peut être la prédication de Jésus ou de Mahomet et C l'église catholique romaine ou l'islam. A peut être la vitesse du vent et C l'âge du capitaine.

A est la cause, et C l'effet. A est l'entrée, et C la sortie. A est l'avant, et C l'après. A est l'*input*, et C l'*output*. A : ce que le système reçoit, et C : ce que le système produit. Et l'on ne récolte jamais, en technique, qu'en fonction de ce que l'on a semé. L'information présente en A, modulée par B, se transforme en une information recueillie en C. Toujours. Je veux dire que dans tout processus technique il y a souvent, de A à C, transfert de matière (mais pas nécessairement), transfert d'énergie (mais pas nécessairement) ; mais il y a *toujours* transfert d'information.

Le caractère universel de la boîte noire nous conduit à remarquer que la technique est foncièrement *ternaire*. Il est impossible de concevoir un système technique avec moins de trois éléments, A, B et C.

Cette ternarité de la technique est l'expression de la relation profonde entre information et communication[57]. Ce sont les deux aspects, inséparables, d'une même et unique réalité, d'un caractère fondamental de l'objet. Il n'y a communication que si de l'information est communiquée. Il n'y a information que si elle est communicable.

Le schéma de la boîte noire suggère une opération arithmétique très simple, qui résume bien que c'est l'économie qui pousse au progrès technique (la technique est un effort pour éliminer l'effort) : diviser C par A. En faisant le rapport entre

---

[57] Historiquement, la théorie de la communication a été développée par les ingénieurs du télégraphe et du téléphone, et la théorie de l'information par les ingénieurs constructeurs des premiers calculateurs électroniques. Ces ingénieurs appartenaient à des secteurs industriels bien distincts. Les entreprises fabriquant des téléphones n'étaient pas les mêmes que celles fabriquant des machines à calculer.

l'output et l'input, on obtient une valeur, comprise entre 0 et 1, qui est le « rendement » de la boîte noire, c'est-à-dire du système technique étudié.

Cette notion de rendement sera, en ce qui concerne la machine à vapeur, établie par Sadi Carnot[58] en 1824, qui fonde, en découvrant que ce rendement dépend de la température de la vapeur, une nouvelle branche de la physique : la thermodynamique. La science dérive bien de la technique...

Tout système technique est donc caractérisé par un rendement, toujours strictement inférieur à 1 (on l'exprime généralement en pourcentage, et donc il est toujours plus petit que 100 %). La différence entre l'input et l'output représente ce que l'on appelle les « pertes » (dissipation de chaleur, frottements, fuites, etc.), que l'ingénieur s'efforcera de limiter au maximum.

La généralité du concept de rendement (provenant de la généralité du modèle de la boîte noire, ou si l'on veut le dire plus strictement de la ternarité de la technique) entraîne que l'on peut définir la technologie comme *la science du rendement*. L'ingénieur lutte sans répit contre l'usure, contre la corrosion, contre le frottement, contre les fuites, contre l'échauffement, contre la dispersion, contre les vibrations parasites, contre le bruit de fond...

Mais n'oublions pas qu'un « système technique » n'est pas nécessairement un assemblage d'acier, de cuivre, de silicium et d'autres matériaux. Toute structure (matérielle ou non) qui vise à atteindre un résultat objectif peut être considérée comme un système technique : une banque, une école, un hôpital, un ministère, une équipe de football... Et bien sûr, de même que l'idée de boîte noire, l'idée de rendement s'applique parfaitement à ces systèmes « immatériels ». Le rendement d'un

[58] Il s'agit de l'élaboration théorique du concept de rendement. Sa notion empirique était évidemment déjà acquise par les constructeurs anglais des « machines à feu », et en particulier James Watt avait introduit, en 1784, le terme *horse-power* pour mesurer la puissance d'une machine à vapeur. Il s'agissait simplement d'évaluer le nombre de chevaux qu'elle pouvait remplacer. Les Français forgeront le terme, encore utilisé aujourd'hui, de cheval-vapeur (CV).

hôpital pourrait être le pourcentage de patients guéris par rapport aux malades qui entrent. Le rendement d'une école le pourcentage des diplômés par rapport aux inscrits. Le rendement d'un ministère le nombre d'actes administratifs produits par rapport au nombre de fonctionnaires.

Dans une telle optique, les fonctionnaires du ministère, les enseignants de l'école, les médecins et infirmières de l'hôpital font partie de l'input, ce sont comme on le dit depuis quelques années des « ressources humaines ». C'est le langage du *management*, partie de la technologie qui s'occupe de l'organisation. Il ne plaît pas à tous. Nombreux sont ceux qui répugnent à ce que l'on traite des médecins, des enseignants ou des ouvriers d'usine comme des « ressources », et que l'on envisage de quantifier leur activité et leur rendement. Nous trouvons ici un élément très important qui participe à la formation du sentiment anti-technicien.

Ce n'est d'ailleurs pas nouveau. Au début du XXème siècle, des ingénieurs américains[59] ont commencé de mesurer le rendement non plus des machines, mais des hommes, dans les usines et les bureaux.

Les techniques de l'esprit

Nous venons de rappeler que, si la technique est « matérielle » dans son origine, elle s'applique autant à l'humain qu'à la matière. C'est déjà évident avec les techniques alimentaires (nourrir les hommes) et médicales (soigner les hommes). Nous venons de voir que l'homme peut lui-même être pris pour objet technique (les ressources humaines). Et même l'esprit humain concerne la technique.

Car la psychanalyse est, aussi, une technique, et plus généralement on peut considérer la psychiatrie comme la technique de l'équilibre mental.

On oublie trop vite que Freud était médecin, et qu'il voulait soigner des malades. Son projet était bien un projet

[59] Dont les plus célèbres sont Frederick W. Taylor (1856-1915) et Henry L. Gantt (1861-1919). On parle encore aujourd'hui du « taylorisme », ou OST (organisation scientifique du travail).

technique, et donc économique : Freud n'a jamais caché qu'il a inventé sa méthode thérapeutique pour se constituer une riche clientèle et donc augmenter ses revenus.

Et pourtant, quand l'intelligentsia, au début du XXème siècle, va découvrir la psychanalyse, alors que l'étude de « l'âme humaine » était déjà entrée au laboratoire[60] et profitait des possibilités de l'instrumentation, elle va, séduite par ses références littéraires (Œdipe...), accueillir le projet de Freud comme un salutaire effort pour replacer l'âme humaine dans le domaine de la « pensée pure ».

Tout un pan de la pensée récupérera cet aspect de la psychanalyse, d'autant mieux que la linguistique fera parallèlement de sérieux progrès qui redonneront confiance en une interprétation « littéraire-linguistique-verbale » du monde... Les sciences « humaines » sont nées.

Sciences, si l'on veut. Humaines, admettons-le. Mais en réalité il s'agit bien de techniques. Qu'il s'agisse de la psychanalyse, de la sociologie et de l'ethnologie qui se développent également fort bien, de la linguistique, si ces branches du savoir se construisent de manière spectaculaire à cette époque, c'est bien parce qu'elles appliquent enfin la « méthode scientifique », c'est-à-dire sinon l'expérimentation instrumentale dans toutes ses possibilités, du moins l'observation systématique, souvent quantifiée[61].

C'est en développant la phonologie (basée sur l'acoustique, technique des sons) que la linguistique devient une « science humaine ». Alors que la « grammaire » et la « philologie » portaient leur observation sur les mots, la linguistique eut l'idée (sacrilège) de porter son effort sur les choses, c'est-à-dire les phonèmes. C'est exactement la démarche du technicien : passer du domaine verbal (l'expression d'un besoin, la demande d'un client) au domaine objectif. C'est par des observations quantitatives réalisées effectivement sur de nombreuses personnes que se constituent

---

[60] Rappelons que c'est en 1879 que Guillaume Wundt avait fondé son laboratoire de psychologie expérimentale à Leipzig, et qu'Alfred Binet publie son livre *L'étude expérimentale de l'intelligence* en 1903.

[61] L'oeuvre statistique de Francis Galton date des années 1880.

sociologie et ethnologie. Quant à la psychologie, elle se rapproche de plus en plus de la biologie[62].

Les techniques du groupe

Et quand on parle de la psychanalyse, il est presque automatique de parler également du marxisme. Eh bien, le marxisme, lui aussi, est une technique !

Bien sûr, de même que l'intelligentsia utilisera la psychanalyse comme une nouvelle ressource rhétorique, en oubliant que c'est d'abord une *technique* médicale, l'on s'emparera du marxisme en oubliant que c'est d'abord une méditation sur les *techniques* de production.

C'est en effet de là que Marx est parti. Il a d'abord observé comment les hommes produisent pour satisfaire leurs besoins[63]. Il découvrira l'importance de la production dans la vie des hommes, l'importance des moyens de production dans l'organisation de leur vie sociale, et l'importance de la propriété des moyens de production dans les rapports de force entre les groupes humains.

Mais la pensée de Marx vise l'action : il veut non seulement comprendre les organisations humaines, mais les transformer. Si bien que l'on peut définir le marxisme (ou le communisme) comme une technique d'organisation des collectivités humaines. Une technique des groupes (humains).

Nous n'allons pas développer cette idée, mais elle ne doit pas étonner. Le rapport entre technique et politique est évident : il s'agit toujours d'action. Il est d'ailleurs assez piquant de noter que tout un courant de la critique contemporaine anti-technicienne, issu en réalité du marxisme (notamment l'Ecole de Francfort), rejette la technique et prône

---

[62] Ivan Pavlov découvre les réflexes conditionnés en 1897.

[63] Marx fut du reste un des rares « penseurs de la technique » au cours du XIXème siècle. Voir K. Axelos : *Marx, penseur de la technique. De l'aliénation de l'homme à la conquête du monde*, Minuit, Paris, 1961. Voir également J. Fallot : *Marx et le machinisme*, Cujas, Paris, 1966, et A.A. Kuzin : *Karl Marx und Probleme der Technik*, Leipzig, 1970 (traduit du russe).

la révolution, alors que la technique *est* révolution : une *action* qui produit un *changement* dans une *société*.

Mais l'on pourrait dire que Marx est venu trop tôt. A son époque, la technique n'était pas encore une technologie. Dans sa critique de la production « capitaliste » (comment faire, s'il faut des machines, sans capitaux ?), il se base sur l'observation des manufactures et des machines à vapeur. Il ignore l'électronique, qui conduira effectivement à une révolution (pas tout à fait celle qu'il prévoyait), car permettant désormais à des groupes humains de se constituer et de « fonctionner » sans plus devoir tenir compte de la géographie. Dans une manufacture de 1848, les ouvriers, nombreux, doivent être rassemblés, sous les ordres d'ingénieurs, peu nombreux, *au même endroit*. Dans une entreprise de 2000, les ouvriers sont remplacés par les robots, à l'exception de quelques gardiens et de quelques femmes de ménage, et les ingénieurs, très nombreux, se trouvent à Seattle, à Calcutta, à Tokyo et à Buenos Aires. Mais si le courrier électronique et l'accès instantané à des bases de données partagées « structurent » les relations entre les membres de ce groupe humain éclaté, ils ne suffisent pas à l'activer. C'est qu'une « technique de groupe » est nécessaire. Il faut inciter tel ingénieur, à Calcutta, à effectuer telles opérations, et tel autre, à Tokyo, à fournir tels renseignements. Le « commandement » est toujours nécessaire, comme au temps des pyramides et de la tour de Babel. Même éclatée en « réseaux », l'activité humaine productrice doit être dirigée par un dirigeant. Dans la boîte noire, il faut « quelqu'un » pour entrer l'input et « quelqu'un » pour récolter l'output. Pour que le rendement soit suffisant. Pour que le groupe soit efficace. Le marxisme n'a peut-être pas suffisamment poussé sa réflexion dans ce sens.

Nous voyons donc qu'en donnant à « la technique » toute sa signification de langage de l'objet, l'on peut réévaluer deux avancées intellectuelles essentielles des XIXème et XXème siècles. La psychanalyse, c'est l'appréhension (plus technicienne qu'il paraît) de l'homme face à lui-même. Elle découvre l'*objet* de ses désirs. Tournée vers les « sources », la psychanalyse est une archéologie *objective* de l'individu. Le marxisme (tout aussi technicien), c'est par contre l'appréhension de l'homme face aux autres hommes. Il découvre l'*objet* limitant les possibilités d'accomplissement de l'homme, et qui est l'(autre) homme lui-même. Tourné vers le futur – les lendemains qui chantent – le marxisme est une eschatologie *objective* du groupe.

L'individu et son passé d'une part ; le groupe et son avenir d'autre part. Mais toujours l'objet est au centre de l'existence humaine, c'est-à-dire le *vraiment autre*, à la fois convoité et limitant, source de vie (l'aliment), de plaisir (la présence), de souffrance (l'absence) et de mort (le poison).

CHRONIQUE

> *Tout le monde est d'accord : une négresse à plateaux, bien que cent fois plus près, par son intelligence, d'un chimpanzé que d'Einstein, partage pourtant avec Einstein une chose irremplaçable dont le chimpanzé est privé : qu'on l'appelle âme ou autrement. Mais à quel signe, comme vous dites, Sybil, savons-nous qu'il en est ainsi ?*
>
> (Vercors, *Les animaux dénaturés*, 1952)

La technique est le signe de l'humain et le langage de l'objet. Elle n'est pas – comme la philosophie – un discours *sur* l'objet, *à propos de* l'objet, elle n'est pas une langue de simple convention comme toute langue, basée comme l'ont démontré les linguistes sur quelques signes arbitraires. La technique est langue *de* l'objet, c'est-à-dire la langue même du monde : ici, le signifiant et le signifié se confondent[64]. Car la technique parle le monde, éliminant la double illusion des cultures, qu'il y a un au-delà du monde (car l'objet, c'est le monde) et qu'il y a une distance du monde à l'homme (car l'homme n'est pas « jeté dans le monde » – par qui l'aurait-il été ? – il est consubstantiel à l'objet, il est « du monde »). Et c'est pourquoi la technique est efficace. Disant le monde comme il est, elle le transforme au gré de ses discours. Quand l'ingénieur parle l'oxygène des minerais et le carbone des réducteurs, il réduit *en effet* la limonite et la blende en métaux fusibles et durs dans ses fourneaux. Quand l'ingénieur parle les eaux, les vents, l'uranium et les rayons de l'astre solaire, il obtient, *en effet*, des

[64] D'où toujours d'une part l'insuffisance des textes : modes d'emploi, notices explicatives, brevets, etc. et d'autre part la relative capacité du dessin d'épuiser la description des systèmes techniques.

énergies puissantes et il fait tourner ses machines. Quand l'ingénieur parle l'ADN, l'ARN et les protéines, séquences codées d'amino-acides, il modifie, *en effet*, les hérédités, et il crée des objets nouveaux, néologismes de la langue objective.

Ce langage objectif est *historique* – comme tout langage. Il a été construit par un long processus décrit par l'historien des techniques, et il se construit encore. Car tous les mots de l'objet n'ont pas encore été dits.

Ce langage objectif est aussi *économique* et *communicationnel*. Il est économique, car c'est l'homme qui le parle : il y exprime ses besoins et ses désirs, et la transformation technique de l'objet ne se fait pas vers n'importe quel but. C'est le besoin (d'ailleurs objectif, venu de l'objet) de l'homme *qui oriente l'action technique*, le discours technicien : plan, épure, calcul, cahier des charges, organigramme de répartition des tâches, normes et spécifications, lignes de code... Il est communicationnel, car c'est des structures de l'objet qu'il parle : le langage de l'objet établit des liens, des correspondances – effecteurs de résultats – au sein même de l'objet.

Le langage de l'objet exprime la double coïncidence de l'objet avec le monde, et de l'homme avec l'objet.

C'est cette grandiose découverte, faite par les techniciens, qui est combattue – avec quelle vigueur ! – par tous les idéalismes[65]. Y compris ces idéalismes inattendus basés sur le matérialisme, comme l'existentialisme, et même en somme aussi le marxisme, qui *idéalise* l'homme nouveau du prolétariat.

Un symptôme intéressant commun à plusieurs de ces idéalismes est un simple choix de vocabulaire, apparemment anodin : on remplace besoin ou désir par rêve ou fantasme. C'est avouer que les besoins viennent du corps, alors que le rêve serait une manifestation de la « vie psychique » – une aventure de l'âme. Parmi de nombreux exemples, bornons-nous à rappeler Gaston Bachelard (notamment dans *La psychanalyse*

---

[65] « *Ce qui caractérise l'illusion, c'est d'être dérivée des désirs humains ; elle se rapproche par là de l'idée délirante en psychiatrie* » (S. Freud, *Die Zukunft einer Illusion*, 1948. Nous avons consulté la traduction française : *L'avenir d'une illusion*, PUF, Paris, 1971).

du feu, 1939) et à citer Jean Brun. Dans un livre sur lequel nous aurons l'occasion de revenir, dont le titre est déjà significatif : *Le rêve et la machine*[66], cet auteur que nous avons déjà rencontré dit par exemple : « *Il faut donc repenser l'histoire des techniques pour montrer qu'elle ne relève nullement d'un progrès de la conscience qui serait parallèle à un progrès de la science, mais qu'elle appartient à ce fonds obscur gisant au coeur de l'homme et auquel elle donne l'occasion de se manifester.*

Les machines sont, en effet, à la fois les filles et les mères de phantasmes qu'il faudrait qualifier de méta-physiques ».

Mais avons-nous tout dit ?

La raison technicienne se borne-t-elle à parler les choses comme elles sont, tirant de ses discours des outils, des machines et des systèmes qui répondent de mieux en mieux, au cours de l'Histoire[67], sinon aux besoins de tous les hommes, du moins à ceux de quelques-uns[68] ?

Notre enquête philosophique devra peut-être pénétrer plus profondément dans le langage de l'objet, et pourrons-nous atteindre une vision encore plus claire et préciser suffisamment ce que nous voulons dire avec le mot « technique » ?

Nous ne pouvons pas, pour ce faire, nous borner à nos propres ressources. Il faut lire les autres philosophes. Nous l'avons fait. Imparfaitement, parce que nous n'avons pas tout lu, et ce que nous avons lu, nous l'avons peut-être mal compris.

---

[66] J. Brun : *Le rêve et la machine. Technique et existence*, La Table ronde, Paris, 1992.

[67] Ecrire « Histoire » avec une majuscule est aussi un symptôme d'idéalisme. Notre majuscule est évidemment *ironique*.

[68] Nous verrons que dans l'abondante littérature, souvent dénigrante ou dénonciatrice, consacrée à la technique, il y a très fréquemment confusion entre « progrès technique » et « distribution des résultats du progrès technique ». C'est vrai que quand on a inventé la lampe électrique, tous les hommes n'ont pas immédiatement bénéficié du nouvel éclairage. Encore aujourd'hui, 130 ans après l'invention, de nombreux hommes ne disposent encore que de moyens primitifs pour s'éclairer la nuit. Mais est-ce la faute de « la technique » ?

Mais nous avons rassemblé une documentation considérable, de nombreux cahiers, où nous retrouvons les traces de lectures parfois anciennes[69]. Il est impossible, et d'ailleurs inutile, de tout reprendre ici. Le temps est passé des « bibliographies exhaustives ». C'est d'ailleurs un effet de « la technique » ! Les développements techniques ont indiscutablement facilité le travail des philosophes, des érudits et des littérateurs (invention du *codex* au début de l'ère chrétienne, invention d'Internet à la fin...). Il était forcé que ceux-ci deviennent plus nombreux, et produisent des ouvrages en plus grand nombre, sans compter que l'allongement de la vie (dû aux techniques médicales) permet à un auteur de publier bien davantage que naguère. Descartes est mort à 54 ans, Pascal à 39 ans, Hegel à 61 ans. Qu'auraient-ils encore pu écrire s'ils avaient eu la longévité de nos nonagénaires ? Si bien qu'aujourd'hui, sur quelque sujet que ce soit, les bibliographies sont devenues proprement monstrueuses.

Je me contenterai, pour ne pas accabler le lecteur par une énumération d'ouvrages (plusieurs centaines) fastidieuse et d'intérêt d'ailleurs discutable, de parcourir chronologiquement mes notes, ce qui formera une chronique, très partiale, de deux siècles d'efforts pour penser la technique. Comme l'annonce ou l'ébauche d'une histoire de la philosophie de la technique, à venir peut-être.

Nous retrouverons dans cette chronique quelques idées déjà développées dans nos pages précédentes, ce qui sera l'occasion de les contextualiser dans l'histoire. Nous y trouverons des idées que nous avons faites nôtres, et des idées qui s'opposent aux nôtres, ce qui nous permettra de clarifier nos positions. Insistons : nous ne voulons que repérer certains ouvrages, fournir quelques dates, quelques titres, et quelques noms.

Il n'est pas question ici de donner, pour chaque texte évoqué, un commentaire critique, qui demanderait évidemment

---

[69] Nos lectures systématiques ont commencé en 1968, quand nous fûmes chargé d'enseigner l'histoire des sciences et la philosophie à Gitega, au Burundi (jusqu'en 1973). Cette note n'intéresse personne, mais elle a pour moi la saveur douce et pénétrante de la nostalgie.

de très nombreuses pages, et un effort au-dessus de nos forces. Nous ne prétendons pas faire ici oeuvre d'historien ou de bibliographe. Il s'agit plutôt du modeste travail, forcément partial et partiel, de l'anthologiste. Nous offrons au lecteur comme un florilège de « propos sur la technique », et si ce lecteur ne peut se résoudre à nous suivre dans nos conclusions, au moins disposera-t-il d'un dossier assez solide pour qu'il puisse envisager de se forger une opinion par lui-même.

La technologie dans les écoles

Nous avons déjà précisé notre usage terminologique des vocables technique et technologie. Revenons-y, car comme dans les autres domaines de la philosophie, les divers usages par les auteurs de termes identiques entraînent des risques de confusion.

Une technique est une action visant la satisfaction d'un besoin (humain). La médecine, l'agriculture, la production du polyéthylène, l'usinage de l'acier, la cuisson des légumes, l'extraction des dents cariées sont des techniques, et le besoin correspondant à chacune de ces techniques est bien déterminé. *La* technique est l'ensemble *des* techniques.

Nous pourrions donc nous contenter du terme technique, auquel correspond en anglais le mot *technology*[70]. Et en effet, beaucoup d'auteurs de langue française emploient technique et technologie indifféremment (l'utilisation du mot technologie étant alors souvent plus un calque irréfléchi de l'anglais qu'une véritable décision terminologique).

Pour nous, au contraire, la différence est essentielle. La *technique* correspond à une période historique, qui s'achève (évidemment la date est arbitraire) au cours du XIXème siècle, voire du XXème. La *technologie* est ce qui succède historiquement à la technique, quand celle-ci passe d'une certaine spontanéité empirique à une discursivité de type

[70] L'anglais n'ignore pas les termes *technique* et *technics*, mais les emploie nettement moins que *technology*.

scientifique[71]. Le couple technique-technologie est donc, *mutatis mutandis*, de même nature que, par exemple, le couple alchimie-chimie.

Cette évolution de la technique vers la technologie va évidemment dans le sens d'une augmentation d'efficacité (la centrale nucléaire par rapport au manège à chevaux, ou à esclaves).

Mais il ne faut pas confondre l'effet et la cause. Définir la technologie comme une technique « plus efficace, plus sophistiquée, plus avancée, etc. » est philosophiquement insatisfaisant. Il y a un passage, de l'une à l'autre, situé dans le temps, et dont on peut décrire les modalités.

Mais il y eut, à la fin du XVIIIème siècle et tout au long du XIXème, une autre acception du mot technologie[72]. Il s'agissait de désigner un discours général sur les techniques, une « philosophie des techniques » dans le sens où le XVIIIème siècle employait le mot philosophie (comme dans philosophie naturelle, qui désignait les sciences « de la nature », minéralogie, botanique et zoologie).

Donc, au point de vue de l'histoire des idées, le XVIIIème siècle connaît trois innovations qui nous intéressent.

D'abord, un intérêt assez nouveau pour les techniques (que l'on appelait les arts et les métiers). Il suffit de citer l'*Encyclopédie*. Mais il faut rappeler que déjà chez Rabelais on trouve cet intérêt pour la description précise des opérations techniques, qui contraste avec le mépris pour les « arts mécaniques » des auteurs du Moyen Age, qui prolonge en cela l'Antiquité.

---

[71] Nous avons examiné l'histoire de ce passage technique-technologie dans une étude qui fit l'objet d'une communication au XXème Congrès international d'histoire des sciences, à Liège (juillet 1997), et qui est parue en 2002 : J.C. Baudet : *De l'histoire des techniques à la philosophie de la technologie* in E. Neuenschwander & L. Bouquiaux : *Science, philosophy and music*, Brepols, Turnhout, pp. 165-172 (actes du congrès).

[72] C'est cette technologie-là que Jean-Claude Beaune n'a pas trouvée, dans un livre d'ailleurs stimulant: *La technologie introuvable* (1980), dont nous parlerons plus loin.

Ensuite, l'apparition du mot technologie[73].

Enfin, et c'est le principal, la création en France – pendant la Révolution – d'écoles d'ingénieurs, et notamment celle du Conservatoire des Arts et Métiers et celle de l'Ecole centrale des Travaux publics (qui deviendra l'Ecole Polytechnique).

L'événement a une portée considérable. Puisqu'il s'agit maintenant d'enseigner les techniques – et non plus de les « transmettre » par le geste, comme dans l'apprentissage – il faut évidemment les conceptualiser, les transformer en discours, leur adjoindre le λογος.

Les professeurs du Conservatoire, de Polytechnique, des autres écoles techniques qui seront constituées, vont donc écrire, rédiger, publier.

Parmi sans doute bien d'autres textes (y compris inévitablement des documents sans lendemain qui ne nous sont pas parvenus, comme dans tout enseignement), citons l'*Essai sur les machines en général* de Lazare Carnot (1782) ; le *Traité élémentaire des machines* de Jean Hachette (1811) ; l'important ouvrage de Gérard-Joseph Christian (qui était directeur du Conservatoire des Arts et Métiers) *Vues sur le système général des opérations industrielles ou plan de technonomie*, qui paraît en 1819. Remarquons ce néologisme technonomie, qui ne survivra pas : technologie l'a emporté.

L'ambition de Christian n'est pas encore philosophique dans le sens où nous l'entendons aujourd'hui, mais il s'agit bien d'une étude *générale* de l'ensemble des techniques : « *Ce n'est pas toutefois*, dit-il, *qu'on puisse regarder ces traités de technologie comme autre chose qu'un arrangement, une simple classification systématique des procédés des arts. On y chercherait en vain des faits généraux, des déductions*

---

[73] Johann Beckmann publie une *Anleitung zur Technologie oder zur Kenntnis der Handwerke, Fabriken und Manufacturen* à Göttingen en 1777. Le mot latin *technologia* était déjà employé depuis assez longtemps. Dans le domaine français, signalons que les *Annales de l'industrie nationale et étrangère ou Mercure technologique* sont fondées par Séb. Le Normand et J.G.V de Moléon à Paris en 1818.

théoriques et fécondes, en un mot, une doctrine qui les domine et les embrasse tous ».

Et plus loin, Christian note qu'il faudrait étudier « *le travail dans toute l'étendue de son acception* », ce qui conduirait, dit-il, à étudier « *tout le genre humain dans les immenses développemens de son principe de vie* ». Nous ne disons pas autre chose quand nous affirmons que la technique répond aux besoins de l'homme : la philosophie de la technique, c'est la philosophie du besoin.

Il y eut encore, parmi d'autres, en 1829, le livre de Gustave de Coriolis, *Du calcul de l'effet des machines*, et en 1831, de l'Américain Jacob Bigelow : *Elements of technology, taken chiefly from a course of lectures*, et en 1840, de Léon Lalanne (qui était directeur de l'Ecole nationale des ponts et chaussées) : *Essai philosophique sur la technologie*. Bigelow était médecin de formation, botaniste, et à la fin des années 1820 il fut chargé d'enseigner la mécanique à l'Université de Harvard. C'est semble-t-il lui qui a introduit en Amérique le terme *technology*. Notons qu'il fera paraître une nouvelle version de son ouvrage en 1840, sous un nouveau titre : *The useful arts*.

Vers le milieu du XIXème siècle, en France, en Angleterre, aux Etats-Unis et dans les autres pays industrialisés ou en voie d'industrialisation, là où existent des écoles d'ingénieurs (souvent fondées sur le modèle de l'Ecole Polytechnique), les manuels de « technologie » ou de « sciences appliquées » comme on dit aussi se multiplient, mais il s'agit généralement d'ouvrages encyclopédiques, rassemblant les descriptions des opérations des divers « arts et métiers », mais avec peu, comme le déplorait Christian, de *déductions théoriques*.

Une science du mouvement

Cependant, la mécanique mathématique[74] s'était bien développée, surtout à partir des questions posées par la

---

[74] Généralement appelée mécanique rationnelle ou mécanique analytique.

mécanique céleste. Mais elle était pratiquée plus par les mathématiciens et les astronomes que par les ingénieurs. C'est incontestablement dans les écoles d'ingénieurs, et tout particulièrement à l'Ecole Polytechnique[75], que les enseignants utilisèrent cette discipline pour la description et l'étude du fonctionnement des machines. Car après tout les machines tournent, comme les planètes...

Si bien qu'à une vague d'ouvrages à caractère descriptif succèdent maintenant des travaux plus mathématisés, et où une doctrine se constitue : la technologie est devenue la science des machines, et les machines sont des engins *animés de divers mouvements*. Dans cette nouvelle optique, les constructions immobiles (maisons, routes, ponts, ou objets manufacturés comme casseroles ou couteaux) sont décrites comme des machines où les vitesses sont nulles. La statique est un cas particulier de la dynamique.

La mécanique mathématique permet, quand on connaît les forces qui agissent sur un corps, de déterminer le mouvement de celui-ci, c'est-à-dire sa trajectoire et sa vitesse. Les ingénieurs calculeront donc les vitesses des pistons (mouvements rectilignes alternatifs), des bielles (mouvements plus complexes, puisqu'il s'agit de transformer un mouvement rectiligne en un mouvement circulaire), des divers points des volants, des roues, des engrenages, des cames, des courroies de transmission. Ils sauront déterminer les vitesses à atteindre pour obtenir certains résultats : écraser des grains de blé dans une minoterie, filer de la laine ou du coton, couler du bronze ou de l'acier, forger, estamper, usiner, forer, fraiser... Surtout, ils sauront à l'aide de leurs équations déterminer les *rendements* de leurs moteurs et de leurs machines. Nous avons vu l'importance du rendement comme concept central de la technologie. Dans bien des cas, les équations démontreront que le rendement d'un dispositif technique augmente avec la température, avec la vitesse, avec la pression... Et les machines seront donc toujours

---

[75] Voir C. Chatzis : *Mécanique rationnelle et mécanique des machines* in B. Belhoste *et alii* : *La formation polytechnicienne 1794-1994*, Paris, pp. 95-108, 1994.

plus chaudes, toujours plus rapides, plus grandes aussi. Certains diront qu'elles n'auront plus une dimension « humaine »...

Nous ne pouvons évidemment pas développer ici dans toute leur richesse mathématique ces relations physiques entre rendement et caractéristiques de fonctionnement des machines, mais il y a là une *réalité* de l'objet. Un moteur thermique[76] est d'autant plus efficace qu'il est plus chaud, ce qui veut dire aussi plus dangereux pour l'homme. Est-ce *la faute* de la technique, si les choses sont ainsi ?

Parmi les ouvrages – très nombreux – qui analysent la technologie (l'art de l'ingénieur, comme on dit également) à partir des équations du mouvement, citons uniquement, à titre d'exemple, la parution en 1875 du livre de l'ingénieur allemand Franz Reuleaux : *Theoretische Kinematik*. Il sera traduit en anglais en 1876 (*Kinematics of machinery. Outlines of a theory of machines*) et en français en 1877 (*Cinématique*). Reuleaux était le directeur de l'Académie industrielle de Berlin.

Mais alors que se développent ces travaux d'ingénieurs basés sur le mouvement, l'idée (très ancienne, nous avons déjà signalé que l'on trouve chez Aristote l'analogie entre animal mobile et machine animée : οργανον signifie aussi bien organe d'animal que pièce de machine) de comparer les machines et le monde animal réapparaît, due peut-être aux progrès spectaculaires de la biologie (Darwin) et de la médecine (Pasteur), qui attirent l'attention des penseurs sur le monde vivant.

La tactique du vivant

C'est dans ce cadre intellectuel orienté vers le mobile et puis vers le vivant qu'un philosophe allemand, Ernst Kapp, publie en 1877 ses *Grundlinien einer Philosophie der Technik*, le premier ouvrage important que l'on peut qualifier de « philosophie de la technique ». Kapp reconnaît que, dans l'histoire des hommes, la technique joue un rôle tout à fait

[76] C'est-à-dire une machine qui transforme la chaleur d'un combustible (charbon, bois, pétrole...) en mouvement : machine à vapeur, moteur à explosion, moteur Diesel, etc.

essentiel[77]. Pour Kapp, les objets techniques sont des « projections » des organes humains ; une hache prolonge et « représente » la main, des ciseaux « représentent » deux doigts... Il compare encore les câbles (télégraphiques) aux nerfs de l'homme. Le philosophe allemand comprend d'ailleurs que font partie de la technique non seulement les outils « matériels », mais également le langage et les institutions sociales.

Kapp s'inspire de la biologie non seulement par ses comparaisons anatomiques (pour lui, la main est en somme l'archétype de tous les outils) ; il tire également parti de l'évolutionnisme alors fort discuté, et il conçoit le progrès technique comme inévitable, et comparable à l'évolution des êtres vivants expliquée par Darwin.

En suivant la chronologie, nous arrivons en 1890, avec un important article du Français Alfred Espinas : *Les origines de la technologie*[78].

Espinas comprend d'abord tout ce qui sépare l'art (à la fin du XIXème siècle, le terme « art » est encore très utilisé, le mot « technique » n'étant pas aussi usité qu'aujourd'hui) de l'instinct. Mais surtout, il comprend que le problème de la technique n'est pas la classification et la description des outils et des machines, mais que l'appréhension rigoureusement philosophique de cette question conduit tout droit au problème de l'action. On peut dire qu'avec Espinas la réflexion sur la technique quitte le terrain des inventaires et abandonne une attitude en somme muséographique pour entamer une réflexion sur les fins de la technique : celle-ci est vue comme l'activité

---

[77] Il faut aussi noter qu'à ce moment se développent les travaux des préhistoriens, qui forcément travaillent sur des documents qui sont des outils. La spectaculaire découverte des restes d'homme préhistorique dans une grotte de la vallée de Néanderthal, près de Dusseldorf, a eu lieu en 1856.

[78] *Revue philosophique de France et de l'Etranger* 30, pp. 113-135 et 295-314. Ce texte paraîtra en volume en 1897 : A. Espinas : *Les origines de la technologie*, Alcan, Paris.

même de l'homme[79], et notre auteur énumérera « *les catégories essentielles de l'action – désirer, redouter, commencer, finir, essayer, réussir, échouer, etc.* ». D'où la nécessité d'une théorie philosophique de la technique – de l'action humaine – qu'il appelle technologie ou « praxéologie »[80]. Décrire la technique, c'est décrire l'homme. Dans notre terminologie, comprendre l'objet, c'est *ipso facto* comprendre le sujet.

Citons encore en 1906, de l'Allemand Ulrich Wendt : *Die Technik als Kulturmacht in sozialer und geistiger Beziehung* et de son compatriote Alard Du Bois-Reymond : *Erfindung und Erfinder* ; en 1914, de l'Allemand Eberhard Zschimmer : *Philosophie der Technik. Vom Sinn der Technik und Kritik des Unsinns über die Technik* ; en 1920, de Georg Von Hanffstengel (Allemand également) : *Technisches Denken und Schaffen. Eine gemeinverständliche Einführung in die Technik* ; en 1922, de l'Allemand Viktor Engelhardt : *Weltanschauung und Technik.*

Et nous avons encore, en 1927, toujours d'un Allemand, Friedrich Dessauer : *Philosophie der Technik. Das Problem der Realisierung* ; en 1928, du Belge Eugène Dupréel : *Deux essais sur le progrès* ; en 1929, de l'économiste américain Stuart Chase : *Men and machines* ; en 1930, du Français Jean-Léopold Duplan ; *Sa Majesté la Machine* (ouvrage que nous avons déjà cité en note infrapaginale) ; en 1931, de Friedrich Dessauer et Karl August Meissinger : *Befreiung der Technik* ; et encore, cette même année 1931 : *La rançon du machinisme* (Gina Lombroso), *La pensée technique* (Julien Pacotte), *Der Mensch und die Technik. Beitrag zu einer Philosophie des Lebens* (Oswald Spengler).

---

[79] Il ne va cependant pas jusqu'à formuler aussi clairement cette idée, et il est encore loin de reconnaître que la technique est le signe même de l'humain.

[80] Le terme sera repris par le philosophe polonais Thadée Kotarbinski : « Les problèmes de la praxiologie ou théorie générale de l'activité efficace », *Revue philosophique de la France et de l'Etranger* 154(4) : 453-472, 1964.

Cette énumération, d'ailleurs bien incomplète, pour montrer le travail qui reste à faire si l'on voulait rédiger une histoire de la pensée consacrée à la technique.

Pointons l'ouvrage de Dessauer. On peut le résumer comme une analyse de la technique qui oppose aux buts humains les lois de la nature. La liberté de l'homme dans la variété de ses désirs est (durement, ajouterais-je) limitée par celles-ci. Ce sont ces lois, préexistantes, d'après le philosophe allemand, qui déterminent la solution de tout problème technique.

Avant de nous arrêter à l'ouvrage magistral et essentiel de Spengler, qui comme nous le verrons marque un tournant décisif dans la philosophie de l'acte technicien, citons quelques brefs passages des ouvrages de Duplan, de Lombroso et de Pacotte. Cela nous remettra dans l'ambiance d'une époque où l'intelligentsia est désarçonnée par le contraste entre les espoirs placés dans les « progrès de la science » et les réalités fort dures de la crise dans le monde occidental.

Voici comment commence l'ouvrage de Duplan : « *Il existe une fée par le monde qui distribue plus de richesse que le pays d'Ophir ou le royaume de Golconde n'en connurent jamais : et la santé, et le confort, et le bonheur, et l'allégresse, et cette fée, qui ne demande qu'à retourner sa corne d'abondance intarissable sur la pauvre humanité, c'est la Machine. C'est elle qui, docile esclave de la pensée industrieuse de l'homme, prend à sa charge toutes les besognes pénibles, toutes les tâches périlleuses auxquelles était asservie, autrefois, une armée de travailleurs.* »

Et plus loin : « *Les détracteurs de la machine pensent faire oeuvre de bons patriotes, en la dénonçant comme l'auteur responsable de toutes nos misères, en objurguant notre patrie à résister à l'américanisme. La vérité est que ce sont des attardés, des dilettantes ou des snobs qui n'ont pas vu éclore sous leurs yeux les prodiges d'un monde nouveau (...) Si ces idéalistes nébuleux, qui n'ont jamais rien fait de leurs dix doigts, peuvent continuer à chanter les beautés du travail de jadis, ils ne décideront aucun des sujets de Sa Majesté la Machine à quitter le royaume de l'abondance pour retourner dans le pays de la misère* ». Tout cela est sans doute discutable, mais j'ai beau tourner cette autre phrase que je trouve à la page 149 dans tous les sens, elle me paraît (encore aujourd'hui) inattaquable – sauf peut-être par les snobs et les dilettantes : « *L'existence civilisée ne serait pas concevable sans la Machine* ».

Quant à Lombroso, elle fait l'intéressante constatation que le monde inanimé est dominé par la loi d'inertie et le monde animé par la loi du moindre effort. Elle ira jusqu'à prétendre que « *l'agriculture est la seule industrie qui soit vraiment productrice, la seule indispensable à la vie, vraiment morale et moralisatrice* ». Cette aversion pour l'industrialisme et ce « retour à la terre » formeront une constante chez de nombreux auteurs contempteurs de « la technique ». Il faut remarquer le rapprochement entre les mots agriculture et morale, et cela mériterait une psychanalyse. Et se demander pourquoi on fait *imprimer* des livres (sur des machines !) pour chanter les plaisirs bucoliques...

L'ouvrage de Pacotte est encore basé sur l'analogie entre les organes des animaux et les organes des machines. Malgré le mot « pensée » dans le titre, qui pouvait faire espérer un certain effort de généralité sinon de philosophie, c'est un ouvrage assez décevant, dans la lignée des simples descriptions de mécanismes. Mais en 1934, il fera paraître un deuxième livre, *La connaissance : mathématique, technique, humanisme, métaphysique*, ambitieux comme le montre le titre, où nous épinglons ce passage : « *Venue de l'esprit, la technique doit aussi être utilisée par l'esprit* (...) *Ce qui nous autorise à prédire que la vie industrielle et économique sera demain sous le contrôle de l'esprit, c'est avant tout la puissance de l'esprit lui-même* ».

Mais venons-en au grand livre de Spengler[81]. C'est lui qui poussera jusqu'à ses conséquences les plus profondes l'analogie entre l'évolution animale et le progrès technique.

---

[81] Il sera traduit en langue française en 1958 : *L'homme et la technique*, Gallimard, Paris.

C'est à lui que nous avons emprunté notre sous-titre : la tactique du vivant.

« *Si nous voulons saisir l'essentiel de la technique*, affirme-t-il, *il ne faut pas partir de la technique de l'ère machiniste, encore moins de la notion trompeuse suivant laquelle la confection d'outils et de machines serait le but de la technique.*

Car, en réalité, la technique date de temps immémoriaux (...) *Cela va bien au-delà de l'humanité, au coeur même de la vie animale, celle de tous les animaux. Le mode de vie de l'animal, par contraste avec celui du végétal, a pour caractéristique distinctive l'aptitude à se mouvoir librement dans l'espace* (...) *Car l'existence libre de l'animal est une lutte, rien qu'une lutte : c'est sa tactique vitale, sa supériorité ou son infériorité face à l'autre qui décide de l'histoire de cette vie et détermine si son destin est de subir l'histoire des autres, ou de se réaliser soi-même. La technique est la tactique de la vie* ».

Et Spengler poursuit : « *Ce qui importe n'est nullement la forme des choses, ni comment on les fabrique, mais bien ce que l'on fait avec elles, leur utilisation : ce n'est pas l'arme, mais le combat* ».

Nous avons déjà dit certaines choses semblables. D'abord, insistons bien sur le fait que la recherche faite par Spengler de « l'essentiel » de la technique aux origines immémoriales du développement du monde animal ne contredit pas l'opposition sur laquelle nous avons insisté entre technique et instinct. Car Spengler va bien plus loin que l'analogie faite par ses prédécesseurs, depuis Ernst Kapp, entre organes animaux et organes « techniques ». Cette analogie n'est que le point de départ de sa réflexion, quand elle est le point d'arrivée de celle de tant d'autres. L'animal ne dispose que de son instinct, l'homme dispose en plus de son intelligence (ou, comme le diraient les neurologistes, de son cerveau plus développé). Et certes il y a une différence considérable entre instinct et intelligence. Mais *en-dessous*, nous trouvons la même réalité de la vie, la même *exigence de l'objet* : la rançon de la mobilité (le passage à une existence plus « riche », quand on passe de la pierre à l'algue, de l'algue à l'amibe, de l'amibe à l'homme), c'est le besoin, *et c'est de devenir un besoin*[82] *pour d'autres*. C'est la loi de l'objet, que les physiciens exprimeront avec les notions de conservation de l'énergie et d'entropie : il n'y a pas d'avantage sans inconvénient, on n'a *rien pour rien*. La transformation de l'être en objet (la création ?) a pour conséquence cette fatalité : l'objet surgissant de l'être ne le fait qu'avec des limitations de son être-objet, avec un appauvrissement qui est le prix à payer pour accéder à l'existence. Il n'y a que les vivants qui peuvent mourir.

C'est ce qu'a découvert Spengler. Vivre, c'est avoir besoin. Ou, pour le dire comme Spengler, rencontrer les autres.

Continuons notre lecture. « *L'homme a été*, poursuit Spengler, *il est toujours, trop vain et trop pleutre pour regarder en face la fugacité de tout ce qui vit. Il enveloppe la réalité d'espérances progressistes bleu layette et rose bonbon, l'ensevelit sous les fleurs de la rhétorique et de la littérature, se réfugie en rampant derrière l'abri des idéaux pour essayer de ne rien voir* ».

Il nous paraît utile d'encore donner quelques passages – qu'il faut lire en se souvenant qu'ils furent écrits en 1931, à Munich.

« *Seuls les enfants croient qu'un roi dort avec sa couronne ; et seuls les sous-hommes de la cité-monstre, les marxistes et les littérateurs s'imaginent la même chose des magnats du monde des affaires. L'entreprise est un travail, et c'est uniquement en conséquence de ce travail que le travail manuel devint possible.* »

Et encore ceci, qui va fortement déplaire en 2005 : « *Il y a un ordre hiérarchique naturel entre les hommes nés pour commander et ceux nés pour servir, entre les Meneurs et les Menés* ».

Et ceci, je le crains bien, ne plaira pas davantage : « *Au lieu de garder jalousement pour eux-mêmes le savoir technique qui constituait leur meilleur atout, les peuples blancs l'offrirent*

---

[82] Selon une triple destination, alimentaire (anthropophagie), énergétique (esclavage) ou ludique (danseurs, gladiateurs, acteurs, acrobates, prostituées...).

avec complaisance à tout venant dans le monde entier, dans tout lycée, oralement et par écrit – et l'étonnement admiratif des Indiens et des Japonais les enchanta (...) Aujourd'hui, et presque partout, des régions industrielles existent ou sont en passe d'exister, qui, grâce au bas niveau des salaires, vont nous mettre en face d'une concurrence mortelle ».

Terminons par ceci : « *C'est tout cela qui constitue la base réelle et irrémédiable du chômage régnant dans les pays des Blancs. Il ne s'agit nullement d'une simple crise, mais bien des prodromes d'un cataclysme* ».

Ajoutons que, soixante-dix ans plus tard, la situation est encore bien pire pour l'Occident. Non seulement les NPI (les nouveaux pays industrialisés) font aux industries européennes et américaines une concurrence de plus en plus vive, mais en outre les réserves de pétrole (élément dont Spengler ne pouvait pas prévoir l'importance) se trouvent dans des régions hostiles, et dont l'hostilité est basée sur ce qui a toujours conduit aux affrontements les plus violents : le fanatisme religieux.

Mais revenons-en à la technique, encore que toute réflexion sur la technique ne puisse se passer de tenir compte du contexte « géo-politique ».

L'oeuvre d'Oswald Spengler est d'une très grande importance. Il a vu – le premier – que la technique est vraiment « la » question de l'humanité, la clé de la « condition humaine », et que l'attitude vis-à-vis de la technique a pour l'homme les conséquences les plus graves. Rien moins que la vie ou la mort.

Il a vu également que la technique est au coeur même de l'existence humaine (et même de toute existence vivante).

Il a vu – même s'il ne l'a pas exprimé en ces termes – que la technique est le langage de l'objet, et que l'objet s'impose à l'homme, inéluctablement.

Les années 1930 et 1940

Poursuivons notre énumération chronologique. En 1932, l'ingénieur français Jacques Lafitte publie *Réflexions sur la science des machines*[83]. L'auteur s'inspire des travaux de Reuleaux, mais l'on y retrouve le « biologisme » caractéristique de la fin du XIXème siècle et encore très présent dans les années 1930. Pour Lafitte, toute machine est formée de *cellules* dont l'association conduit à la naissance de *systèmes organisés*. Et il remarque, ce qui est à la fois banal et riche de sens, que les machines les plus riches en possibilités (on dirait aujourd'hui les plus « performantes ») sont les plus composées et les plus récentes.

Il distingue les machines *passives* (une route, une maison...), les machines *actives* et les machines *réflexes* (comme, par exemple, une alarme automatique). Il parle du « règne des machines » comme on parle du règne animal. Ce n'est qu'une métaphore, mais certains esprits la prendront à la lettre, et feront des machines un « système technicien » autonome et, bien sûr, dangereux. Mais ce fantasme n'est encore qu'embryonnaire en 1932. Il est vrai que d'autres dangers apparaissent...

La même année, un autre ingénieur français, Georges Lamirand, publie un livre qu'il intitule *Le rôle social de l'Ingénieur*[84]. Ce n'est pas à proprement parler un ouvrage de philosophie, et ce n'est même pas une étude générale de « la technique » comme en firent les ingénieurs Reuleaux, Lafitte et autres, mais ce texte doit nous intéresser. En somme, si le philosophe prétend parler de la technique, la moindre des choses est qu'il écoute d'abord les techniciens.

Nous ne prendrons que deux brefs passages dans ce livre, mais ce sont des idées, simples peut-être, mais fortes. Les philosophes le savent bien : il y a parfois plus de « profondeur » dans une boutade que dans de longues dissertations.

Voici la première citation : « *l'industrie est l'art de transformer les matières premières en billets de banque* ». Nous pouvons aisément paraphraser : la technique a pour but de

---

[83] J. Lafitte : *Réflexions sur la science des machines*, Bloud & Gay, Paris, 1932.

[84] G. Lamirand : *Le rôle social de l'Ingénieur. Scènes de la vie d'usine*, Desclée et Cie, Paris, 1932.

transformer les désirs des uns en profits pour les autres (ou plus exactement, pour *quelques* autres)…

Notre deuxième citation nous paraît aussi bien utile pour les penseurs de la technique : « *l'ingénieur ne s'amuse pas avec le rêve : il vit constamment avec la réalité* ».

En 1933, signalons la parution d'un ouvrage de l'Allemand Eberhard Zschimmer : *Philosophie der Technik. Einfürhrung in die technische Ideenwelt* (Stuttgart), et un essai de Georges Duhamel : *L'humaniste et l'automate*. Cet ouvrage, qui révèle les inquiétudes de certains intellectuels face à l'apparition de ce que Daniel-Rops appelait un « monde sans âme »[85] est cependant assez nuancé. Notons que Duhamel a bien compris une erreur fréquente, que nous venons de dénoncer à propos du « règne des machines » de Lafitte. « *La première erreur*, écrit Duhamel, *si naturelle, si humaine, si fréquente est de considérer la machine comme un être indépendant de l'homme, de lui prêter des désirs, des passions* ». La phrase suivante nous retiendra davantage : « *la technique est la dernière incarnation de l'esprit* ». C'est voir d'abord que tout objet technique ne résulte pas d'un travail « manuel », mais d'une activité « intellectuelle », et même d'une activité exigeant une intelligence très élevée. L'objet technique, c'est de l'intelligence (l'esprit, comme disait Duhamel) incorporée dans des matériaux (très exactement le *software* dans le *hardware*). Incarnée, si l'on préfère. Et pourquoi *dernière* ? Parce qu'il n'y en a pas d'autre possible. La technique est non seulement une incarnation de l'esprit – une possibilité pour l'esprit d'exister, de « se réaliser » – mais surtout, c'est la seule modalité de l'être selon laquelle il se manifeste à l'homme. Les « choses » ne sont que des masses brutes, indifférentes à l'homme, ou hostiles. Les « objets techniques » – outils, machines, systèmes – sont comme des miroirs ontologiques, dans lequel l'homme peut retrouver ce qu'il y a *incarné*. Duhamel a-t-il compris que les deux autres incarnations de l'esprit – dans la magie, et dans l'art – ne

---

[85] L'expression est tout à fait significative, montrant clairement que tout un pan de la technophobie est lié à un attachement (parfois inconscient) à des idées religieuses.

conduisent qu'à des objets inutiles, soit sans effet, comme le talisman, soit dont la jouissance égoïste est réservée à une élite, comme l'œuvre d'art ? Peut-être, confusément.

En 1934, signalons le livre de l'Américain Lewis Mumford : *Technics and civilization*[86], et un texte de l'Allemand Manfred Schröter : *Philosophie der Technik* [87].

Nous avons encore, en 1937, d'Eberhard Zschimmer (que nous avons déjà rencontré, en 1914 et en 1933) : *Deutsche Philosophen der Technik* (Stuttgart).

En 1938, le philosophe français Pierre-Maxime Schuhl, qui est surtout un spécialiste de Platon, fait paraître *Machinisme et philosophie* [88].

Ce livre s'attache surtout à élucider une question qui a beaucoup intrigué les historiens des techniques : pourquoi les Grecs, qui avaient atteint un niveau si élevé de connaissances mathématiques, et qui avaient (à Alexandrie, donc bien après la période de Platon et d'Aristote) su construire toutes sortes de mécanismes ingénieux[89], et qui eurent des ingénieurs célèbres (dont le plus illustre fut Archimède), n'ont-ils pas poursuivi le progrès technique au delà d'un certain niveau ? Pourquoi y a-t-il eu un véritable blocage de la créativité technicienne chez les Grecs, vers le début de l'ère chrétienne ?

Voici comment Schuhl exprime ce questionnement : « *En étudiant la formation de la pensée grecque, nous avions eu le sentiment qu'un développement du machinisme aurait été logiquement possible dès l'antiquité. Il semble que le principal obstable qui s'y opposa consista en un certain nombre d'oppositions, familières aux Hellènes et aux Romains ; réunies en une série, elles constitueraient comme un tableau de catégories, et l'on pourrait dire qu'elles définissent ensemble une sorte de mentalité prémécanicienne ou anti-mécanicienne.*

---

[86] L. Mumford : *Technics and civilization. On the social influence of machinery*, G. Routledge & Sons, Londres, 1934.

[87] Ce texte de 80 pages constitue la dernière partie de M. Schröter : *Handbuch der Philosophie*, Oldenbourg, Munich, 1934.

[88] P.M. Schuhl : *Machinisme et philosophie*, Alcan, Paris, 1938.

[89] Voir notamment B. Gille : *Les mécaniciens grecs. La naissance de la technologie*, Seuil, Paris, 1980.

Ces oppositions, poursuit Schuhl, *nous les voyons s'abolir et se renverser dans la pensée d'un Bacon et d'un Descartes* ».

Nous savons tout ce que le recours à l'idée de mentalité a de délicat dans les recherches historiques, et nous avons des arguments[90] pour penser que cette question de mentalité ne fut pas la seule à intervenir dans le blocage de la technique gréco-romaine (les Romains ne dépassèrent pas le niveau technique des Grecs). Cependant, l'idée est bien intéressante. Et la « mentalité anti-technicienne » pourrait bien, partiellement en tout cas, subsister encore chez certains penseurs actuels.

Pour Schuhl, cette mentalité résulte de trois facteurs. D'abord, l'esclavage fournit une main-d'œuvre suffisante et rend le progrès technique inutile. Pourquoi imaginer des machines complexes quand l'esclave peut faire le travail ? Ensuite, il existe un mépris du travail manuel issu de l'échelle des valeurs de l'Antiquité (Schuhl demande de réfléchir au système des castes qui existe en Inde, et qui est l'expression sociale totalement aboutie de cette échelle des valeurs). Cela coïncide avec l'opposition entre théorie et pratique, en effet très présente dans l'œuvre de Platon et d'autres auteurs grecs. Enfin, troisième facteur, pour les Grecs la nature s'oppose à l'art, qui l'imite en vain. Il y a ici une sacralisation de la nature et une dénonciation des « artifices » qui correspond au mythème que nous avons cru pouvoir identifier dans la Genèse et les poèmes homériques (interdiction faite à l'homme de dépasser un certain seuil d'efficacité technicienne).

L'année suivante, l'Allemand Eugen Diesel publie *Das Phänomen der Technik*[91].

Notons encore, en 1943, la parution d'un livre important d'André Leroi-Gourhan : *L'homme et la matière*[92]. C'est l'œuvre d'un préhistorien et d'un ethnographe, qui décrit l'extraordinaire multitude des outils que l'on rencontre chez les

---

[90] Voir notre ouvrage déjà cité *De l'outil à la machine*, p. 83.

[91] E. Diesel : *Das Phänomen der Technik. Zeugnisse, Deutung und Wirklichheit*, Reclam, Leipzig, 1939.

[92] A. Leroi-Gourhan : *L'homme et la matière*, Albin Michel, Paris, 1943.

primitifs ou dans les trouvailles archéologiques. Cet ouvrage doit au moins faire penser que l'homme et la technique sont inséparables.

Et en 1945, nous avons, de Donald Brinkmann, *Mensch und Technik. Grundzüge einer Philosophie der Technik* (L'homme et la technique. Fondements d'une philosophie de la technique) et de X. Von Hornstein et Friedrich Dessauer : *Seele im Bannkreis der Technik* (L'âme au ban de la technique).

En 1946, nous avons encore : Joseph Bernhart, *Der technisierte Mensch* (Augsbourg) ; Georges Friedmann, *Machine et humanisme* (Paris) ; Friedrich G. Jünger, *Die Perfektion der Technik* (Francfort) ; Franz Tank, *Technik und Kultur* (Zurich) ; Aloys Wenzl, *Die Technik als philosophisches Problem* (Munich).

En 1948, Friedrich Dessauer publie encore *Atomenergie und Atombombe.* Nous n'allons pas reprendre ici toute la littérature consacrée à diverses considérations sur « la bombe atomique ». Il est indiscutable que le double événement d'Hiroshima et Nagasaki a fortement impressionné. Mais est-ce *philosophiquement* justifié de se laisser impressionner ? Ce genre de comptabilité est bien sûr effroyable, mais quand on prétend parler au nom de la Raison (Hegel) ou de l'Etre (Heidegger), il faut, au moins, savoir compter. Même (et peut-être surtout) s'il s'agit de compter les morts.

Les deux bombes ont fait, à elles deux, environ 100.000 morts. C'est beaucoup. Mais les bombardements « conventionnels » de Tokyo et de Dresde, en 1945, ont fait respectivement 83.000 et 250.000 morts[93]. Et le tremblement de terre « naturel » à Tokyo, le 1er septembre 1923, a causé la mort directe de 150.000 personnes.

Et, en 1994, il a suffi d'à peine deux ou trois mois pour que les Houtous du Rwanda massacrent – sans technique plus

---

[93] Et surtout, dans ce catalogue des horreurs, il y eut les comptabilités sinistres, avec des chiffres bien plus élevés, des camps d'extermination des dictatures, dont les moyens techniques étaient pourtant rudimentaires.

avancée que des bâtons et des couteaux[94] – près d'un million de Toutsis.

Faut-il avoir peur de la technique, ou de l'homme ? Pourquoi accuser la technique, quand il faut accuser la haine ?

Mais revenons en 1948. C'est encore l'année de parution d'un livre de Siegfried Giedion, *Mechanization takes command*[95] et d'un livre d'Emmanuel Mounier, *La petite peur du XXe siècle* (Neuchâtel).

Celui-ci, rédigé dans le cadre du personnalisme chrétien caractéristique du fondateur de la revue *Esprit*, interprète la technique de manière positive. Elle est la manifestation de l'expansion du divin dans la matière, et permet à l'homme de recréer la nature, de poursuivre l'oeuvre divine de création, dont la fin sera la domination définitive de la matière par l'esprit. Il ne faut dès lors pas se laisser entraîner par la « petite peur » de ceux qui craignent machinisme ou bombe atomique.

Avec le livre de l'Américain Giedion, un thème se développe : la technique n'est plus analysée comme simple machinisme, mais comme automatisation. C'est que, pendant la WWII (*World War II*, deuxième guerre mondiale), il s'est passé autre chose que la mise au point de la bombe atomique. L'effort de guerre des belligérants a dû porter sur tous les aspects de la technologie. Il fallait produire des baïonnettes aussi bien que des bombes atomiques, des canots de sauvetage comme des porte-avions, des aliments et des médicaments comme des avions de combat et des systèmes de télécommunication. La liste est extrêmement longue des innovations techniques dues à

---

[94] Les commentateurs n'ont pas assez souligné ce fait que *le génocide le plus efficace du XXème siècle*, le siècle du nucléaire, de l'informatique et de l'aérospatial, fut perpétré avec les moyens techniques de l'âge de la pierre. Ce fut, hélas en vraie grandeur, une magistrale démonstration de la fausseté de la thèse du « bon sauvage », et une définitive illustration de l'absence de lien nécessaire entre mal et technique.

[95] S. Giedion : *Mechanization takes command*, Oxford University Press, New York, 1948. Ce livre est paru en version française : *La mécanisation au pouvoir. Contribution à l'histoire anonyme*, Centre Georges Pompidou, Paris, 1980.

cet effort sans précédent de « recherche et développement ». Il a fallu organiser le déplacement de *millions* d'hommes, suréquipés, sur des *milliers* de kilomètres.

En dehors de la bombe atomique, l'innovation la plus spectaculaire due à l'effort de guerre des Anglais et des Américains fut certainement le « cerveau électronique », c'est-à-dire toutes ces machines automatiques à calculer (utilisées pour les calculs notamment des artilleurs) faisant appel aux nouvelles possibilités de l'électronique (l'utilisation de tubes à vide tels que ceux que l'on utilisait, depuis les années 1910, pour les communications radio).

Ces « cerveaux » étaient des boîtes noires où l'input était de l'information (45 et 23, pour prendre un exemple évidemment très simple) et où l'output était également de l'information (par exemple la somme 68). Mais en renvoyant une partie de l'output vers l'input, on obtient un feedback, c'est-à-dire comme nous l'avons vu une possibilité d'automatiser un processus, d'ailleurs quelconque (la vitesse d'une machine à vapeur ou de n'importe quelle machine, mais en fait aussi le fonctionnement de n'importe quel système technique). Si bien que l'invention de l'*electronic computer* (que les Français appelleront « ordinateur » à partir de 1956) était à la fois la mise à la disposition des ingénieurs d'un outil de calcul particulièrement performant et l'arrivée d'un moyen d'automatisation incomparable.

Non seulement les machines allaient être toujours plus chaudes, plus grandes, plus effrayantes, et plus efficaces, mais elles allaient maintenant fonctionner toutes seules, sans intervention humaine. La machine avait remplacé les muscles, c'est-à-dire les travailleurs manuels. Elle allait maintenant remplacer les cerveaux, c'est-à-dire les travailleurs intellectuels. Cela méritait quelques réflexions, comme celles de Giedion, ou de Mounier.

Pour en finir avec les années 1940, et toujours sans souci d'exhaustivité, signalons encore le livre, paru en 1949, de Max Bense : *Technische Existenz* (Stuttgart).

Les années 1950

En 1951, le Français Jean Fourastié publie *Machinisme et bien-être* (Paris), qui contient une analyse bien plus optimiste de la technique. Il est vrai que l'auteur est économiste. En 1952, nous signalerons, de l'Américain James Bryant Conant : *Modern science and modern man* (New York), et du Français Georges Canguilhem : *La connaissance de la vie* (Paris).

L'ouvrage de Canguilhem est une analyse du vivant, mais qui nous intéresse parce que se situant dans la prolongation des réflexions que nous avons vues s'amorcer au XIXème siècle[96] sur les rapports entre les êtres vivants et les machines[97]. Il faut, prétend cet auteur, considérer « *la technique comme un phénomène biologique universel et non plus seulement comme une opération intellectuelle de l'homme* » et « *montrer l'homme en continuité avec la vie par la technique, avant d'insister sur la rupture dont il assume la responsabilité par la science* ». Nous ne disons peut-être pas autre chose : la technique relie l'homme à l'objet. Mais la survalorisation de « la vie » nous paraît être une rémanence d'idéalisme à nos yeux injustifiée.

Remarquons aussi que Canguilhem avait déjà bien vu que le rapport entre science et technique était exactement l'inverse de ce qui était généralement admis : « *Or nous pensons qu'il n'est pas possible de traiter le problème biologique de l'organisme-machine en le séparant du problème technologique qu'il suppose résolu, celui des rapports entre la technique et la science. Ce problème est ordinairement résolu dans le sens de l'antériorité à la fois logique et chronologique du savoir sur ses applications. Mais nous voudrions tenter de montrer que l'on ne peut comprendre le phénomène de construction des machines par le recours à des notions de*

---

[96] Ou déjà chez Aristote. Canguilhem cite notamment les traités aristotéliciens *De motu animalium* et *Quaestiones mechanicae*.

[97] A vrai dire, sur les quelque 200 pages que comporte le volume, il n'y en a que 27 consacrées à la technique, formant le chapitre *Machine et organisme*. Mais ce texte sera souvent exploité par les penseurs (surtout français) de la technique.

nature authentiquement biologique sans s'engager du même coup dans l'examen du problème de l'originalité du phénomène technique par rapport au phénomène scientifique ». Le philosophe récuse l'idée dominante de l'antériorité de la science sur la technique, mais il ne va que jusqu'à admettre que le phénomène technique est indépendant du phénomène scientifique. C'est déjà un progrès de la pensée. Mais nous allons plus loin : c'est la technique qui est antérieure à la science, et celle-ci qui est une « application » de la technique.

De l'important texte de Canguilhem, extrayons encore ce passage, qui mériterait de longs commentaires, car il montre à quel point la tradition scolaire, abusée par les qualités « littéraires » d'un texte (en l'occurrence, le *Discours de la méthode*) et incapable de renoncer à l'idéalisme, surévalue l'apport d'une dissertation encore toute scolastique par rapport à des avancées plus solides[98].

« *La théorie des animaux-machines*, explique Canguilhem, *est inséparable du « Je pense donc je suis ». La distinction radicale de l'âme et du corps, de la pensée et de l'étendue, entraîne l'affirmation de l'unité substantielle de la matière, quelque forme qu'elle affecte, et de la pensée, quelque fonction qu'elle exerce* (...) *Le refus de l'âme, c'est-à-dire de la raison, aux animaux, n'entraîne pas pour autant, selon Descartes, le refus de la vie – laquelle ne consiste qu'en la chaleur du cœur –, ni le refus de la sensibilité* (...) *Descartes fait pour l'animal ce qu'Aristote avait fait pour l'esclave, il le dévalorise afin de justifier l'homme de l'utiliser comme instrument.* » Ce que nous voulons mettre en évidence, ce n'est pas la théorie de l'animal-machine, qui d'ailleurs représente un réel progrès par rapport aux théories antérieures[99], mais le fait

---

[98] Les apports de Descartes en physique (la loi de la réfraction) et en mathématiques (l'invention de la géométrie analytique) sont d'une autre importance, dans l'histoire de la pensée humaine, que le fameux *cogito*, intellectuellement contemporain d'Anselme de Canterbury, voire d'Augustin.

[99] Sur l'importance de Descartes dans l'histoire de la pensée biologique, cfr P. Mazliak : *Descartes. De la science universelle à la biologie*, Vuibert, Paris, 2005.

que l'acceptation de la dualité corps-âme empêche de reconnaître la technique pour ce qu'elle est. Le tort de Descartes n'est pas d'avoir refusé l'âme aux animaux, mais de ne pas avoir pu se résoudre à l'enlever aussi à l'homme.

Bien sûr, comme nous l'avons dit, l'on peut analyser la technique aussi bien dans une perspective spiritualiste que dans une perspective matérialiste. Un théologien catholique ou musulman peut aussi bien qu'un matérialiste étudier les engrenages ou les logiciels et les explosifs ou les moteurs. Mais quand on croit posséder une âme *immortelle*, quel peut bien être l'intérêt de savoir si la technique est bonne, mauvaise, ou « éthiquement neutre » ?

Avant de quitter l'année 1952, signalons encore un article d'Henri Bartoli[100], qui se situe dans la lignée de Mounier, et intéressant parce qu'il précise la pensée chrétienne (de gauche) à propos de la technique. A vrai dire, l'auteur ne traite de la technique qu'incidemment, mais il lui reconnaît une grande importance dans le passage qu'il prédit du capitalisme vers la « civilisation du travail ». Mais situons d'abord cet article dans son contexte idéologique. Il commence comme ceci.

« *Au cours des quinze dernières années l'un des chantiers où la pensée a le plus déployé son activité est celui de l'histoire. Nous y avons appris à nous défier des trop rapides synthèses, fruits amers d'un hégélianisme ou d'un marxisme mal digérés. Nous y avons aussi gagné quelques solides convictions et, notamment, qu'il y a une sorte de biologie de l'histoire : des êtres naissent, meurent, d'autres viennent. Ainsi en est-il des civilisations : toutes sont mortelles* ».

Et un peu plus loin, avant de développer sa philosophie de l'histoire, évidemment basée sur le « plan divin », l'auteur expose encore : « *Le temps de l'histoire est indissolublement progrès et destruction, temps du péché et temps de la grâce, temps de la souffrance et temps de la joie. De là une ambiguïté*

---

[100] H. Bartoli : « Les chrétiens vers une civilisation du travail », *Esprit* 20(192) : 1-25, 1952.

fondamentale qui interdit de valoriser l'histoire. Elle est indication, non révélation.

Pourtant l'histoire a un sens (...) ».

Si l'on veut bien nous accorder, comme nous avons tenté de l'établir, que la temporalité (ou historicité) est une détermination majeure de la technique, l'on peut évidemment transposer : la technique est indissolublement progrès et destruction. Et surtout : de là une ambiguïté fondamentale qui interdit de valoriser la technique. Elle est indication, non révélation. Quand nous en viendrons aux conclusions, il faudra nous en souvenir. Comme l'histoire – avec laquelle elle se confond peut-être – la technique *indique* à l'homme. Mais il faut sans doute se garder d'y voir une *révélation*, un dévoilement, dans le sens mystique du terme[101].

Et voici maintenant le point de vue de Bartoli sur la technique : « *La première grande épreuve d'une civilisation du travail sera, sans doute, d'éviter qu'à l'aliénation dans l'argent succède une aliénation dans la technique* ». Et il précise : « *L'économie planifiée*[102] *exige un progrès technique continu* (...) *nous pouvons craindre qu'il en résulte l'entrée dans une ère technicienne puissamment dépersonnalisante.*

Par la technique, l'homme objective son activité et s'objective lui-même. La technique n'est jamais qu'un moyen nécessaire à un esprit vivant dans le monde ».

Voici encore quelques passages significatifs.

« *Le sens social de la technique ne consiste pas seulement dans la multiplication des biens* (...) *mais dans le fait qu'elle permet l'humanisation du travail et sa réduction.* » Nous n'avons pas dit autre chose : c'est par la technique, historiquement, que certains primates se sont humanisés.

---

[101] Voir plus loin dans notre texte, quand nous serons en 1954, l'idée de dévoilement chez Heidegger.

[102] L'auteur compare l'économie soviétique aux économies occidentales, en remarquant d'ailleurs que la technique peut être aussi aliénante en régime socialiste qu'en régime capitaliste. Nous faisons cette remarque pour éviter la confusion, rencontrée chez certains auteurs, entre « système technicien » et « système capitaliste ».

« *Le travail n'est pas le but ultime de l'homme, ni ce qui le définit ; il est seulement, mais dans toute la force du terme, sa condition.* »

En 1953, nous avons encore, d'Hermann Glockner : *Philosophie und Technik* (Krefeld) et des Belges Jean Laloup[103] et Jean Nélis : *Hommes et machines. Initiation à l'humanisme technique* (Tournai).

Ce dernier ouvrage, d'inspiration chrétienne, développe à propos de la technique une attitude très positive, analogue à celle que nous avons déjà rencontrée chez Mounier ou chez Bartoli. L'étude un peu plus approfondie du seul courant chrétien de réflexion sur la technique dépasse évidemment le cadre de notre projet, mais il faut au moins rappeler l'injonction divine : « tu travailleras à la sueur de ton front ». On peut donc, dans le contexte judéo-chrétien, voir le travail, c'est-à-dire la technique, comme une malédiction. Mais on peut tout autant l'analyser comme un commandement de Dieu : et si Dieu nous demande de travailler, c'est que le travail « est bon ». C'était en somme le point de vue d'Emmanuel Mounier. Et nous pouvons évidemment ajouter que Jésus de Nazareth était un technicien. Il avait un métier manuel. Il était charpentier.

« *On peut, semble-t-il*, disent d'emblée Laloup et Nélis, *distinguer trois catégories principales d'instruments artificiels : l'outil, la machine et l'automate* ». On voit que nos auteurs, comme la plupart des autres à cette époque, ont bien enregistré le fait de l'automatisme.

« *Le fait technique*, diront-ils, *naît dans la civilisation occidentale, car elle seule a l'idée et le désir de dominer le monde par la pensée et le travail, et croit fermement que l'humanité est capable de progrès* ».

Après avoir rappelé « *la supériorité de l'homme sur la machine* », évoqué « *la communion des hommes* » et rappelé « *la priorité du ciel sur la terre* », les deux auteurs concluent que « *nous pouvons nous livrer au progrès technique. Sans retour en arrière, car l'histoire est irréversible. Sans dédain*

---

[103] Jean Laloup publiera encore *La science et l'humain*, chez Casterman, Tournai, en 1959.

pour cette « activité inférieure », car la technique est bonne en soi et s'inscrit dans le progrès de l'homme en marche. Mais avec une accueillante lucidité, une entière énergie et l'intime conviction d'œuvrer ainsi à notre propre salut, à celui de nos frères et à l'instauration des cieux nouveaux et de la terre nouvelle, dont les réalisations techniques sont une mystérieuse et providentielle préparation. »

Mais il n'y a pas que les livres.

En 1953, l'ASEE met en place un « *Humanistic-social research project* ». L'ASEE est l'American Society for Engineering Education[104], qui rassemble de nombreux responsables de la formation des ingénieurs aux USA. En 1956, il résultera notamment des travaux du groupe de ce projet un rapport affirmant « *the study of the history of technology is of special interest and importance for engineering education* ». Un comité est institué, placé sous la présidence du sociologue Melvin Kranzberg : Advisory Committee for Technology and Society. C'est ce groupe de travail qui est à l'origine de la Society for the History of Technology (SHOT), qui sera fondée en mai 1958. Dans la mouvance de cette société, l'on parlera d'histoire et de sociologie, mais aussi de philosophie. Un début d'institu-tionnalisation de la philosophie de la technique a donc eu lieu. Aux Etats-Unis.

Revenons à la chronologie.

Pour 1954, nous signalerons quatre ouvrages, trois en allemand et un en français. Siegfried Balke[105] publie *Die*

---

[104] La Society for the Promotion of Engineering Education fut fondée aux Etats-Unis en 1893. Elle changera de nom en 1946, devenant l'ASEE.

[105] Cet auteur allemand, chimiste de formation, fut un industriel et un politicien : en 1956, il deviendra le ministre des affaires nucléaires dans le gouvernement de Konrad Adenauer (on l'appelait l'*Atomminister*). Sa bibliographie concernant la technique est abondante. Citons *Geisteswissenschaften und Technik* (1957), *Die Nutzung der Kernenergie in geschichtlicher Sicht* (1960), *Die imperfekte Perfektion der Technik* (1961), *Vernunft in dieser Zeit. Der Einfluss von Wirtschaft, Wissenschaft und Technik auf unser Leben*

technische Entwicklung und der Mensch, Friedrich Dessauer publie *Kultur, Technik und Gesellschaft*, Jacques Ellul *La technique ou l'enjeu du siècle*, et Martin Heidegger fait paraître un recueil de textes *Vorträge und Ausfätze*[106].

L'ouvrage d'Ellul est très important pour l'histoire de la pensée sur la technique. Nous reviendrons à l'œuvre d'Ellul plus loin, car il a publié en 1977 un ouvrage qui systématise sa réflexion (*Le système technicien*) et que nous examinerons.

Quant au livre de Heidegger, c'est un recueil de diverses études, dont une spécifiquement consacrée à la technique, et qu'il nous faut analyser au moins sommairement. C'est la première fois que nous rencontrons, dans notre chronologie, un philosophe ayant acquis une grande renommée, ce qui confirme ce que nous disions du manque d'intérêt pour la technique de la part de la philosophie « officielle », au moins jusqu'en 1954. Et encore, le texte de Heidegger est fort bref.

Disons d'emblée que ce texte sera pris par beaucoup comme une espèce d'évangile à propos du fait technicien, et que pendant cinquante ans de nombreux penseurs du « système technicien » ne feront pas autre chose que commenter les idées de l'inventeur du *Dasein*[107]. Celui-ci s'intéressera encore une fois à la technique, en 1962. Cette année-là, il publiera *Die Technik und die Kehre* (La technique et le tournant), et il donnera une conférence dont le texte fort bref ne sera publié qu'en 1989, bien après la mort du philosophe[108].

(1962), *Aus seinen Reden über Technik, Wirtschaft und Gesellschaft* (1969).

[106] Cet ouvrage paraîtra en français en 1958 : *Essais et conférences*, Gallimard, Paris.

[107] Voir, entre autres, M. Haar : « Heidegger et l'essence de la technique », *Revue de l'Enseignement philosophique* 30(2): 20-34, 1980.

[108] *Überlieferte Sprache und technische Sprach*, Erker, Sankt Gallen. Une traduction en français, que nous avons déjà utilisée, paraîtra en 1990 : *Langue de tradition et langue technique*, Lebeer Hossmann, Bruxelles.

Les philosophes connaissent le goût onanistique du penseur allemand pour le paradoxe, la subtilité et l'obscur[109]. Tâchons de comprendre.

Heidegger reconnaît d'abord que l'idée générale que l'on a de la technique est qu'elle est « instrumentale et anthropologique ». Elle est un moyen que l'homme utilise pour ses fins. Mais, poursuit Heidegger, cette conception de la technique n'est qu'exacte. Or, il faut chercher le vrai à travers l'exact, c'est-à-dire rechercher d'une chose ce qu'elle montre de plus inhérent à son être. Quel est alors l'*essence* de la technique ?

Nous reconnaissons ici un thème majeur de la philosophie grecque (et probablement de nombreux autres systèmes de pensée, où il y a des maîtres ou des gourous) : l'opinion commune (δοξα) est insuffisante (voire fausse), il faut atteindre la « science », le vrai (επιστημη). Essayons, avec Heidegger, de comprendre ce qu'il y a de plus vrai, de la technique, que ceci, qui n'est qu'exact : la technique est un moyen pour répondre à un besoin.

Il faut d'abord se souvenir de la théorie de la vérité chez Heidegger. La vérité (η αληθεια) est un arrachement à l'oubli, à l'occultation, c'est-à-dire un dévoilement de l'être (Heidegger attribue dans cette théorie célèbre tout son sens au α privatif, et se souvient que l'oubli se dit η ληθη en grec). Eh bien, pour Heidegger, la technique n'est pas seulement instrumentale (un moyen) : en tant que production, elle participe au dévoilement, elle est donc un mode de la vérité. Et alors, Heidegger, qui aime décidément les étymologies, disserte encore sur les mots τεχνη, επιστημη et ποιημα (œuvre, poème, de ποιεω, faire). Les

[109] Une étude ne serait pas inutile sur le goût de l'obscur dans la pratique philosophique occidentale. Un parallèle devrait être établi entre cette tendance et l'effort de clarté qui caractérise le discours technique (un manuel d'utilisation trouve son utilité dans sa lisibilité). Peut-être bien qu'une différence essentielle entre le discours philosophique (et plus généralement « humaniste ») et le discours technicien réside dans le recours plus ou moins important aux vertus vénéneuses des fleurs de la rhétorique.

mots τεχνη et επιστημη sont deux noms de la connaissance, et la τεχνη a quelque chose de la ποιημα.

Je ne suis pas absolument certain que le recours au grec soit indispensable pour y arriver, mais reconnaître que le « faire » est de l'ordre du « savoir » – et que donc la technique est une forme de vérité – est un acquis à notre avis essentiel de la méditation heideggerrienne.

Mais l'Allemand va plus loin. Il distingue la technique « moderne » de la technique « traditionnelle »[110]. Or, la technique moderne n'est pas seulement un dévoilement : elle est une « provocation » de la nature[111]. Heidegger dira que « *la représentation fin-moyen n'atteint nullement le plus propre de la technique. Son caractère propre tient à ceci qu'en elle s'exprime l'exigence de provoquer la nature à fournir et à assurer de l'énergie naturelle. Cette exigence est plus puissante que toute détermination de fins par l'homme* (...) *Ce que la technique moderne a d'essentiel n'est pas une fabrication purement humaine* »[112].

Cependant, la réflexion de Heidegger ne se termine pas par une condamnation de la technique moderne, ce serait trop simple. Car la technique moderne est « un envoi du destin ». L'essence de la technique est ambiguë, et dès lors il s'agit d'apercevoir en elle ce qui est fondamental, et tout ira bien : « l'essence de la technique déploiera son être dans le dévoilement de la vérité ».

Pouvons-nous résumer davantage, tenter de formuler de manière plus nette la pensée de l'auteur de *Sein und Zeit* ?

---

[110] Il est significatif qu'il publiera en 1957 *Hebel der Hausfreund*, Günter Neske, Pfullingen, qui est une sorte d'apologie du poète bucolique allemand Johann Peter Hebel (1760-1826), qui chantait le retour à la terre, thème évidemment romantique.

[111] La boucle est bouclée. L'on revient au mythème que nous avons décrit, déjà présent dans la Genèse. L'homme peut agir sur la nature, mais pas trop. Enfoncer un soc de charrue dans le sol, c'est bon, y mettre du fumier, c'est bon. Y répandre du nitrate d'ammonium, c'est le mal, d'ailleurs absolu.

[112] M. Heidegger, *op. cit.*, 1990, p. 30.

1° La technique, comme la science, est recherche du vrai – dévoilement de l'être. Ceci est pour nous une avancée importante, rejoignant d'ailleurs ce que nous avons déjà noté chez Canguilhem : la technique n'est pas une activité « inférieure », « manuelle », sans rapport avec la glorieuse recherche de la vérité, qui fait l'honneur de l'homme (animal raisonnable : Aristote, roseau pensant : Pascal, etc.). Elle possède la même dignité que la science.

2° Mais quand science et technique s'associent – conduisant à la « technique moderne » pour Heidegger, ce que nous appelons technologie – l'on ne sait plus trop si c'est « bien » ou « mal ».

3° Mais finalement, la technique conduira à la vérité.

Mais c'est *quoi*, la technique ?

Car après tout ce travail « ontologique »[113], Heidegger n'a toujours pas répondu à la question, qu'il n'a peut-être d'ailleurs pas vraiment posée. La technique est là, un ensemble disparate, et incompréhensible pour le non-technicien, de machines, d'engrenages, d'outils et d'instruments. Et puis vient la technique moderne, ensemble encore plus disparate de machines et d'engins encore plus incompréhensibles. C'est, pour le philosophe, un spectacle, et un spectacle étrange. Mais pourquoi rester spectateur ? Si l'on voit que ces machines tournent et que ces engins répondent, même imparfaitement, aux besoins des hommes, la vraie attitude philosophique ne serait-elle pas d'y aller voir ? Faut-il parler grec pour comprendre que l'essentiel (ou du moins une part notable de l'essentiel) de la technique réside peut-être dans ces simples idées de la rétroaction, de la communication entre les parties de l'objet, et du rendement ? Et n'est-ce pas justement ces idées simples qui manquent à la tradition philosophique occidentale, qui trouve son origine[114] chez Héraclite, Parménide et quelques autres ? Philosopher sur la technique, ne serait-ce pas se poser la question de la différence qu'il y a entre la « dialectique »

---

[113] Mais suffit-il de parler de l'Etre pour faire œuvre ontologique ?

[114] Que Heidegger nous prie de ne pas confondre avec le commencement.

d'Héraclite ou de Hegel et la « rétroaction » des ingénieurs des sociétés Bell, IBM et Ford Motors ?

Poursuivons notre chronique.

Nous sommes arrivés en 1955.

Nous signalons, de René Boirel (un philosophe), *Science et technique* (Paris), de Friedrich Dessauer, *Der Mensch im Kraftfeld der Technik* (Dusseldorf), de René Duchet, *Bilan de la civilisation technicienne: anéantissement ou promotion de l'homme* (Toulouse), d'Emile Girardeau (un ingénieur), *Le progrès technique et la personnalité humaine* (Paris).

En 1956, nous avons encore, de Dessauer, *Streit um die Technik*, et du célèbre historien des religions Mircea Eliade, *Forgerons et alchimistes*.

Tous ces ouvrages sont évidemment intéressants. Bornons-nous à noter qu'Eliade fait, dans son livre, bien apparaître le lien qui existe entre technique et religiosité (nous avons brièvement examiné le rapport entre technique et magie), et surtout dans le cas de certaines techniques qui, pour des raisons liées à ce qui se trouve dans l'inconscient [115], sont plus chargées et conduisent l'homme à interpréter les changements qu'il observe comme le résultat d'une action mystérieuse, force mystique ou intervention divine : « *le labourage ou la cuisson de la glaise*, dit dans son livre Eliade, *comme, un peu plus tard, les travaux miniers et métallurgiques, plaçaient l'homme archaïque dans un Univers chargé de sacralité* ». Mais pourquoi la cuisson ou le labourage ou la métallurgie, et pas la taille de la pierre ou la roue hydraulique ? Assez évidemment parce que ce qui se passe est plus « mystérieux ». L'homme qui frappe avec un caillou sur un autre caillou et voit se former un tranchant par cassure de la pierre percutée se trouve devant un phénomène « normal », je veux dire qui correspond à son expérience quotidienne, qui ne demande pas d'explication. Il sait qu'en frappant un objet dur avec un autre objet dur, il y a

[115] L'on pense évidemment aux travaux de Gaston Bachelard. Voir par exemple son célèbre livre *La psychanalyse du feu*, Gallimard, Paris, 1938, qui est une très intéressante réflexion sur certains aspects d'une invention technique majeure, celle de la combustion.

souvent un des deux objets qui se casse. On n'explique pas le banal quotidien. Mais qu'une argile, c'est-à-dire une boue, un liquide qui coule entre les doigts, puisse se transformer par chauffage en un corps très résistant – alors que tant de matériaux, soumis au feu, brûlent et disparaissent en fumées – voilà qui est « étrange », et plus étranges encore sont les opérations de la métallurgie, où des pierres vertes ou bleues se transforment en un beau métal brillant, presque rouge, le bronze, que l'on peut polir, et qui permet d'obtenir un tranchant remarquable. Et l'agriculture, n'est-ce pas un véritable « miracle » ? Qu'une petite graine, que l'on peut prendre entre le pouce et l'index, se transforme, après avoir été enfouie dans la terre, en une plante grande comme un homme, et « donnant » des centaines de graines en tout pareilles à la graine semée, n'est-ce pas miraculeux ?

S'il n'y a pas d'explication, et si l'effet est spectaculaire, il n'y a qu'une « force », qu'un « dieu » que l'on puisse évoquer pour apaiser son questionnement. Et en effet, chez les peuples archaïques, il y a très généralement un dieu de l'agriculture, un dieu de la métallurgie... Il n'y a pas de dieu de la taille de la pierre ou du sciage du bois.

Nous ne sommes encore, quand le livre d'Eliade paraît, qu'en 1956, mais il y a déjà, pour « l'homme de la rue » – et pour de nombreux philosophes – quantité de « technologies nouvelles » qui paraissent aussi mystérieuses que la métallurgie et la phytotechnie l'étaient pour les premiers fondeurs de bronze et les premiers agriculteurs : l'énergie nucléaire (d'autant plus incompréhensible qu'elle est liée à l'atome, c'est-à-dire à « l'infiniment petit »), les calculateurs électroniques, les robots, les possibilités de voyage dans l'espace[116]. Il faut noter en outre que c'est en 1956 que paraît un livre de Jean Rostand[117] qui met en garde contre les « manipulations génétiques » qui pourraient modifier l'espèce humaine : une nouvelle hantise technologique va se développer, concernant le corps même de l'homme.

---

[116] On parle beaucoup de fusées « interplanétaires » en 1956. Le premier satellite artificiel (Spoutnik) sera d'ailleurs lancé de la base soviétique de Baïkonour le 4 octobre 1957.

[117] J. Rostand : *Peut-on modifier l'homme ?*, Gallimard, Paris, 1956.

Bien qu'il soit biologiste, Rostand ne limite pas sa réflexion aux possibilités des seules techniques « biologiques ». Il étend son examen à l'ensemble des techniques, et développe une attitude que l'on pourrait qualifier de standard dans les milieux des sciences exactes et naturelles. Il nous paraît utile de noter un long passage[118] de ce très beau livre, qui montre clairement comment l'on peut associer science et conscience.

« *Plus spécieuse est la critique du machinisme scientifique ; mais ici il faut bien distinguer entre ce qui tient à la machine elle-même et ce qui tient à sa fâcheuse utilisation.*

Que le machinisme soit, à l'heure présente, un instrument d'asservissement pour certaines classes de la société, cela est indubitable, mais il est non moins certain que la faute en revient aux défauts de notre organisation sociale. Si aujourd'hui la machine accable, écrase l'homme, au lieu de l'affranchir, c'est que la justice est en retard sur la science ; et, plutôt que d'accuser la marche trop rapide de la science, nous ferions peut-être mieux de déplorer la lenteur de la justice...

Autre objection, et de sens contraire : que deviendront les hommes quand, les machines se substituant à eux, ils auront été relevés de l'obligation séculaire du travail ? Que vont-ils faire de leurs interminables loisirs, de leur congé illimité ? Mais c'est vraiment là redouter que la mariée ne devienne trop belle, et nous pensons avec Raymond Queneau – qui, pour une fois, parle très sérieusement – que « les pleurnicheurs sur les méchants robots et l'inhumain mécanisme n'ont jamais prouvé qu'un certain manque d'imagination et la peur de la liberté ».

A l'antipode des humanismes athées alors dominants (celui des communismes et celui de l'existentialisme sartrien), Rostand propose alors une morale humaniste basée sur l'acceptation de la nature non transcendante de l'homme et sur le rejet de tout impératif catégorique autre que la nécessité de croire en l'homme.

D'où cette page remarquable[119].

---

[118] J. Rostand : *op. cit.*, pp. 85-86.
[119] J. Rostand : *op. cit.*, p. 137.

« Nous qu'on appelle les « scientistes » – et nous ne refusons pas cette appellation, il en est de moins honorables – nous ne sommes pas si grossièrement et naïvement insensibles qu'on veut bien le croire... Ce n'est pas parce que nous laissons l'homme dans la nature que nous lui portons un moindre respect et que nous sommes disposés à lui manquer d'égards. J'irai même jusqu'à dire que peut-être le respect de l'homme devrait être encore plus grand chez ceux qui ne croient qu'en l'homme, et qui, dénués de toute illusion de transcendance, ne savent voir en lui qu'une bête non pareille, n'ayant d'autre obligation qu'envers elle-même, n'ayant à écouter d'autre loi que la sienne, n'ayant d'autres valeurs à révérer que celles qu'il s'est données ».

Et si l'on trouve, chez Jean Rostand, un certain pessimisme et la crainte d'un avenir qui pourrait être néfaste, voire fatal à l'humanité, ce n'est nullement la technique, ce n'est nullement la science et la technique qui sont en cause, mais uniquement leur éventuelle utilisation maléfique ou ignorante. Comme nous l'avons déjà vu, et comme nous le verrons encore dans les années après *Peut-on modifier l'homme ?*, il y eut et il y aura des penseurs qui ne verront pas cette évidence qu'il faut, en cas d'accident, accuser l'ouvrier et non l'outil dont il s'est servi à mauvais escient.

Il faut noter également qu'en 1956, à l'occasion de son centième anniversaire, la Verein Deutscher Ingenieure (VDI : fédération des ingénieurs allemands) institue un groupe permanent de réflexion *Mensch und Technik* (Homme et technique). Friedrich Dessauer, dont nous avons déjà signalé les ouvrages, en sera comme le philosophe attitré. Heidegger, par contre, restera étranger au groupe. C'est à notre connaissance une des premières structures permanentes, en Europe, exclusivement consacrées à la philosophie de la technique. Nous avons vu qu'elle fut précédée par une initiative américaine, émanant également des milieux d'ingénieurs.

Poursuivons notre bibliographie chronologique.

1957 : Arnold Gehlen, *Die Seele im technischen Zeitalter* ; Wolf Von Engelhardt, *Der Mensch in der technischen Welt.*

1958 : Pierre Ducassé, *Les techniques et le philosophe* ; Georges Friedmann, *Le travail en miettes* ; Karl Jaspers, *Die Atombombe und die Zukunft des Menschen* ; Gilbert Simondon, *Du mode d'existence des objets techniques.* Nous pourrions aussi signaler le livre d'Hannah Arendt, *The human condition.* Epinglons-y ce passage particulièrement significatif à notre point de vue[120] : « *Plus proche, également décisif peut-être, voici un autre événement non moins menaçant. C'est l'avènement de l'automation qui, en quelques décennies, probablement videra les usines et libérera l'humanité de son fardeau le plus ancien et le plus naturel, le fardeau du travail, l'asservissement à la nécessité. Là, encore, c'est un aspect fondamental de la condition humaine qui est en jeu, mais la révolte, le désir d'être délivré des peines du labeur ne sont pas modernes, ils sont aussi vieux que l'histoire. Le fait même d'être affranchi du travail n'est pas nouveau non plus ; il comptait jadis parmi les privilèges les plus solidement établis de la minorité. A cet égard, il semblerait simplement qu'on s'est servi du progrès scientifique et technique pour accomplir ce dont toutes les époques avaient rêvé sans pouvoir y parvenir* ».

1959 : Rudolph Berlinger, *Das Werk der Freiheit. Zur Philosophie von Geschichte, Kunst und Technik* ; Paul Koessler, *Christentum und Technik.*

De tous ces ouvrages, le plus important, le plus ambitieux en tout cas, est probablement celui de Simondon[121]. Il est articulé en trois parties : *Genèse et évolution des objets techniques* ; *L'homme et l'objet technique* ; *Essence de la technicité.* Simondon est déjà remarquable par son attention à la technique : nous ne devons plus insister sur le fait que la technique est peu étudiée par les philosophes. Mais sa tentative est plus qu'un examen « externe ». Il ne se contente pas de considérer la technique comme un fait extérieur à l'homme et de chercher en quoi elle concerne la « condition humaine », il tente une ontologie de la technique, de l'objet technique,

---

[120] Voir la version française : H. Arendt : *Condition de l'homme moderne*, Calmann-Lévy, Paris, 1961.

[121] Cfr G. Hottois : *Simondon et la philosophie de la culture technique*, De Boeck-Wesmael, Bruxelles, 1992.

comme il dit. Il se base pour y arriver sur la vieille idée d'individuation : il reconnaît aux objets techniques une véritable individualité et une « existence » en somme autonome. Cette option entraîne une critique de l'hylémorphisme aristotélicien : la matière, dans l'objet technique, n'est pas aussi distincte de la forme que le voudrait la conception classique. En prenant notamment l'exemple du moulage, Simondon considère qu'il n'y a ni matière indifférenciée ni forme pure indépendante du matériau. Une idée connexe intéressante est de voir que l'hylémorphisme renvoie à la « division du travail » dans la pratique sociale. Le « maître » (l'industriel...) définit la forme (opération « purement » intellectuelle) et l' « esclave » (l'ouvrier...) travaille la matière conformément au plan qu'on lui impose.

Voici un passage qui montre qu'en outre Simondon attribue aux objets techniques un devenir (un « avènement de structure », une « métastabilité ») – ce qui est à vrai dire plus que commun : nul n'ignore que les objets techniques se succèdent dans l'histoire, selon des séquences bien connues : pierre taillée, pierre polie ; poignard en bronze, poignard en fer ; machine à combustion externe, machine à combustion interne ; avion à hélice, avion à réaction ; et mille autres exemples semblables.

« *C'est donc vers une interprétation génétique généralisée des rapports de l'homme et du monde qu'il faut se diriger pour saisir la portée philosophique de l'existence des objets techniques (...) Il y a genèse lorsque le devenir d'un système de réalité primitivement sursaturé, riche en potentiels, supérieur à l'unité et recélant une incompatibilité interne, constitue pour ce système une découverte de compatibilité, une résolution par avènement de structure. Cette structuration est l'avènement d'une organisation qui est la base d'un équilibre de métastabilité.* »

Reconnaissant l'importance de la technique, Simondon plaide pour l'avènement d'une *culture technique*. « *C'est la culture*, écrit-il, *considérée comme totalité vécue, qui doit incorporer les ensembles techniques en connaissant leur nature, pour pouvoir régler la vie humaine d'après ces ensembles techniques. La culture doit rester au-dessus de toute technique, mais elle doit incorporer à son contenu la connaissance et l'intuition des schèmes véritables des techniques (...) La culture doit être contemporaine des techniques, se reformer et reprendre son contenu d'étape en étape. Si la culture est seulement traditionnelle, elle est fausse, parce qu'elle comporte implicitement et spontanément une représentation régulatrice des techniques d'une certaine époque ; et elle apporte faussement cette représentation régulatrice dans un monde auquel elle ne peut s'appliquer.* »

Retenons aussi le passage suivant, qui révèle certains sous-entendus de la pensée simondonienne : « *C'est donc de l'unité magique primitive des rapports de l'homme et du monde qu'il faut partir pour comprendre le véritable rapport des techniques aux autres fonctions de la pensée humaine ; c'est par un examen qu'il est possible de saisir pourquoi la pensée philosophique doit réaliser l'intégration de la réalité des techniques à la culture, ce qui n'est possible qu'en dégageant le sens de la genèse des techniques, par la fondation d'une technologie ; alors s'atténuera la disparité qui existe entre techniques et religion, nuisible à l'intention de synthèse réflexive du savoir et de l'éthique* ».

Le passage suivant explicite tout à fait l'idéalisme de l'auteur. Pour lui, l'homme est un « sujet ». Il possède certainement une âme : « *Ce n'est pas l'individu qui invente, c'est le sujet, plus vaste que l'individu, plus riche que lui, et comportant, outre l'individualité de l'être individué, une certaine charge de nature, d'être non individué* ».

Simondon précisera encore sa pensée en 1959, dans un intéressant article[122], dont nous extrayons deux passages.

---

[122] G. Simondon : « Les limites du progrès humain », *Revue de métaphysique et de morale* 1959(3): 370-376. Signalons encore un article de 1983 : G. Simondon : « Trois perspectives pour une réflexion sur l'éthique et la technique », *Annales de l'Institut de Philosophie* (Bruxelles) 1983: 107-118. Nous pouvons résumer ainsi ce dernier texte : la technologie seule peut réparer les méfaits de la technique. Pour lutter contre la pollution des usines, il n'y a en effet pas d'autre solution que de construire des usines de dépollution.

« Si la technique, devenue industrie, se réfugie défensivement dans une nouvelle féodalité de techniciens, chercheurs et administrateurs, elle évoluera comme le langage et la religion, vers la fermeture, en se centrant autour d'elle-même, au lieu de continuer à former avec l'homme un ensemble en devenir. »

Simondon avait expliqué avant cette phrase que le langage est devenu grammaire et que la religion est devenue théologie.

Voici le second extrait : « *La technique est encore plus primitive que la religion, elle rejoint l'élaboration et la satisfaction des besoins biologiques eux-mêmes ; elle peut donc intervenir comme lien formant ensemble entre des hommes de groupes différents* (...) *cette descente par paliers vers la primitivité et la matérialité est une condition d'universalité* (...) *La technique seule est absolument universalisable* ».

Les années 1960

Les années 1960 produisent beaucoup, et en fait, ce qui n'a rien d'étonnant, la bibliographie sur notre sujet augmente de manière spectaculaire. Nous serons donc de plus en plus incomplet dans notre énumération qui, rappelons-le, n'a pour but que de fournir au lecteur quelques repères : une véritable bibliographie constituerait un fort volume à elle seule, même sans le moindre commentaire.

Notons, en 1961, l'ouvrage de François Russo, *Technique et conscience religieuse*, et en 1962 le livre de Raymond Aron, *Dix-huit leçons sur la société industrielle*. Celui-ci est plus un ouvrage d'historien et d'économiste que de philosophe, mais nous pensons devoir le signaler car il eut un réel succès, et constitue un moment significatif dans l'évolution de la pensée (au moins française) sur la technique et l'industrie.

L'ouvrage de Russo (il est jésuite) nous éclaire sur la conception chrétienne de la technique, dont nous avons déjà rencontré certaines expressions dans des ouvrages antérieurs d'autres auteurs. « *La technique*, dit le Père Russo, *n'est pas intrinsèquement mauvaise. En dépit des appréhensions qu'elle suscite, en dépit des maux qui, en fait, l'accompagnent dans notre civilisation, nous ne devons pas craindre d'affirmer qu'elle est bonne en son principe. Pour la raison fondamentale qu'elle est prolongement de la création, réponse à l'invitation adressée par Dieu à l'homme dans la Genèse de soumettre la nature. Il est dans le dessein de Dieu que l'homme utilise, maîtrise la nature à son profit.* »

On le voit ici clairement exprimé : pour la pensée chrétienne, la technique n'est pas mauvaise, elle n'est même pas « éthiquement neutre », elle est foncièrement bonne. Mais il ne faut pas la surévaluer : « *la puissance de la technique doit demeurer à son rang de réalité terrestre, appelée sans doute à prendre sa signification dans la perspective du dessein de Dieu sur le monde, mais ne pouvant constituer le tout de l'activité humaine ni en être la raison dernière* ».

Ajoutons que le livre de Russo se base principalement sur l'enseignement pontifical de Pie XII[123] et de Jean XXIII.

En 1962, nous signalerons de Herbert W. Franke, *Phänomen Technick*, de Heidegger, *Die Technik und die Kehre*, et d'Henri Van Lier, *Le nouvel âge*.

Nous avons déjà cité le travail de Heidegger. Il y approfondit la distinction entre la technique « ancienne » et la technique « moderne ». Celle-ci serait surtout basée sur l'attitude de l'homme face à la chose. Dans la technique ancienne, l'homme aborde la chose en tant que chose. Dans la technique moderne, la chose ne serait plus qu'un moyen pour une fin. Le philosophe du *Dasein* revient ainsi à son idée déjà exprimée précédemment de l'essence « anthropologique et instrumentale » de la technique, spécialement de la technique la plus récente.

Mais il va plus loin, et l'on peut résumer sa pensée par deux propositions, d'ailleurs contradictoires. D'une part, Heidegger reconnaît que l'essence de la technique est l'être lui-même (rappelons-nous le « dévoilement »). Cela étant, il est clair que la technique ne se laissera jamais maîtriser par l'homme, car cela signifierait tout bonnement que l'homme

---

[123] Voir notamment son radiomessage de Noël du 23 décembre 1956, sur la contradiction qui pèse sur l'homme « de la révolution technique ».

deviendrait le maître de l'être. La maîtrise de la technique par l'homme est donc, pour Heidegger, une utopie. Sa volonté de maîtriser la technique est maîtrisée par la technique...

Mais d'autre part, l'autre proposition est optimiste. C'est ce que Heidegger appelle le « tournant » : quand l'homme aura pris conscience qu'il « réquisitionne » l'être à travers sa technique, il mettra fin à la réquisition et... se transformera en poète.

Le livre de Van Lier est une espèce de panorama philosophique de l'état de la civilisation en 1962, avec quatre parties : la technique ; la science ; l'art ; l'éthique. Le seul fait que la technique soit placée en premier lieu est déjà intéressant. L'auteur – se référant à Mumford qui avait distingué les ères éotechnique, paléotechnique et néotechnique – propose de distinguer la machine statique (jusqu'au milieu du XVIIIème siècle), la machine dynamique et la machine dialectique (celle-ci correspondant à l'automatisation). L'analyse est pertinente et le vocabulaire est renouvelé, mais finalement l'on ne répond pas vraiment à la question « qu'est-ce que la technique ? ».

En 1963, nous avons notamment, de Carl F. Stover, *The technological order*, et de Jean Brun, les ouvrages que nous avons déjà cités : *Prendre et comprendre* et *La main et l'esprit*.

Nous avons dit déjà l'importance de ce dernier livre pour notre sujet. Son point de départ est une remarque d'Aristote : « *Ce n'est pas parce qu'il a des mains que l'homme est le plus intelligent des êtres, mais c'est parce qu'il est le plus intelligent des êtres qu'il a des mains* ». Ce qui entraîne le philosophe français à se demander, comme nous l'avons vu, si l'homme a pris avant de comprendre, ou s'il a compris avant de prendre : « *prendre et comprendre impliquent deux expériences qui se situent toutes deux au coeur même de cette exploration de la distance où se meut chaque existence humaine* ».

Notons aussi que Brun met bien en évidence l'importance de la technique chez Marx et chez Engels. Commentant celui-ci, il dit par exemple : « *Engels connaît parfaitement Darwin* (...) *nous retrouvons chez lui l'idée darwinienne de la libération de la main complétée par cette idée nouvelle que la main est également le produit du travail humain (...) Ainsi c'est par le travail que l'homme a pu, dans toute l'acception du terme, se faire la main ; et Engels cherche l'origine du langage dans les nécessités de la coopération qui a amené l'homme à avoir quelque chose à dire* ».

En 1964, la FEANI, qui est la Fédération Européenne des Associations Nationales d'Ingénieurs, publie *Ce que le monde d'aujourd'hui demande à la technique*. On voit donc apparaître (rappelons-nous les initiatives de l'ASEE en 1953 et de la VDI en 1956), chez les ingénieurs européens, un début de réflexion collective sur le « sens social » ou sur la « signification humaine » de leur profession.

Egalement en 1964, nous avons encore : Herbert W. Franke, *Der manipulierte Mensch* ; George F. McLean, *Philosophy in a technological culture* ; Jean-Marie Auzias, *La philosophie et les techniques* ; Herbert Marcuse, *One dimensional man*[124].

Le livre de Marcuse développe une idée déjà apparue ici et là, qui est de mélanger la critique d'origine marxiste[125] du capitalisme et la critique de la technique. Il dit par exemple de la société industrielle[126] « *le progrès technique renforce tout un système de domination et de coordination qui, à son tour, dirige le progrès et crée des formes de vie (et de pouvoir) qui semblent réconcilier avec le système les forces opposantes, et de ce fait rendre vaine toute protestation au nom des perspectives historiques, au nom de la libération de l'homme.* »

Un peu plus loin, il dit encore « *une société industrielle avancée où l'appareil technique de production et de distribution n'est pas un ensemble additionnel d'instruments que l'on pourrait isoler de leurs implications sociales et politiques.* ***Il fonctionne comme un système*** *qui détermine a priori ce que l'appareil doit produire ainsi que les moyens de l'entretenir et d'étendre son pouvoir. Dans cette société*

---

[124] Une version française paraît en 1968 : H. Marcuse : *L'homme unidimensionnel*, Minuit, Paris.

[125] Marcuse est un représentant de l'Ecole de Francfort.

[126] On peut évidemment lire aussi bien « société capitaliste », « société bourgeoise », « société occidentale », et même certains lecteurs décoderont « société américaine ».

l'appareil de production tend à devenir totalitaire dans ce sens qu'il détermine (...) les attitudes et les aptitudes qu'implique la vie sociale, les aspirations et les besoins individuels ».

Nous soulignons le passage-clé, car la conception de la technique comme « système » apparaît ici clairement (mais nous avons vu que déjà au début des années 1930 Georges Duhamel mettait en garde contre cette tentative de prendre « la technique » comme quelque chose d'autonome et, en somme, de « vivant »).

Il est évident que la technique est un système, c'est-à-dire un ensemble de choses « où tout se tient ». Pas possible de faire fonctionner une lampe à incandescence sans centrale électrique. Mais pas possible non plus de faire fonctionner une lampe à huile sans huilerie (ce qui nous reporte au Néolithique). Et le plus primitif des outils, la pierre éclatée de la *Pebble Culture*, est déjà un élément d'un système. Car la pierre s'inscrit dans un « système » où il y a, au moins, la main du chasseur, et le gibier...

Et il n'y a pas que dans les sociétés « industrielles » que l'appareil de production détermine les attitudes et les aptitudes. Les ethnographes ont observé une « division du travail » déjà très poussée chez les peuples les plus primitifs qu'ils ont pu approcher, et, d'ailleurs, quelle que soit l'image plus ou moins merveilleuse que l'on se fait de la société future des lendemains qui chantent, on ne voit pas comment l'on pourrait échapper à la détermination des attitudes et des aptitudes.

Pour l'année 1965, nous citerons : Abram Cornelius Benjamin, *Science, technology and human values* ; Aurel David, *La cybernétique et l'humain* ; Bentley Glass, *Science and ethical values* ; Werner Georg Haverbeck, *Das Ziel der Technik. Die Menschwerdung der Erde*.

Pour 1966, nous avons : John Garrett Burke, *The new technology and human values* ; Georges Friedmann, *Sept études sur l'homme et la technique* ; Robert Jungk, *Die grosse Maschine* ; Radovan Richta, *Civilizace na rozcesta*[127] (en

---

[127] Une traduction française paraît en 1969 : R. Richta : *La civilisation au carrefour*, Anthropos, Paris.

tchèque) ; Elting E. Morison, *Men, machines, and modern times*.

Pour 1967, nous avons : Frederick J. Crosson et Kenneth M. Sayre, *Philosophy and cybernetics* ; Yves Guchet, *Technique et liberté* ; Max Horkheimer, *Zur Kritik der instrumentellen Vernunft* ; Donald A. Schon, *Technology and change. The new Heraclitus* ; Lewis Mumford, *The myth of the machine. 1. Technics and human development* [128].

Le travail de Mumford est tout à fait considérable (nous avons vu qu'il a commencé de s'intéresser à la technique dès 1934). Il expose, en historien et en sociologue, l'évolution de l'humanité en mettant l'accent sur l'importance de la technique comme facteur de changement. Toutefois, il ne parvient pas à se départir, concernant les techniques les plus récentes, de l'ambiance négative de nombreux milieux intellectuels (non-techniciens) influencés par les idées de Heidegger, de Marcuse, ou plus simplement par la « peur » inspirée par la bombe nucléaire ou par les robots, et dont on retrouve l'écho d'angoisse naïve dans la science-fiction[129].

Cet ouvrage de Mumford est considérable par la documentation rassemblée. Bien des analyses sont intéressantes. Mais il s'y trouve peut-être une certaine outrance : il y a comme un acharnement à dénigrer tout ce qui

---

[128] Le deuxième volume paraîtra en 1970 : L. Mumford : *The myth of the machine. 2. The pentagon of power*. Les deux volumes seront traduits en français : L. Mumford : *Le mythe de la machine. 1: La technologie et le développement humain*, Fayard, Paris, 1973 ; L. Mumford : *Le mythe de la machine. 2: Le pentagone de la puissance*, Fayard, Paris, 1974.

[129] L'examen de la science-fiction, manifestation littéraire à la fois populaire et moderne, et donc contemporaine des réflexions récentes sur la technologie, est évidemment très utile pour le philosophe de la technique. Nous avons effleuré cette question en 1983 : J.C. Baudet : « Histoire des sciences et science-fiction », *Technologia* 6(3) : 107-112. Voir aussi R. Escarpit : « Science-fiction stricto sensu », *Revue de l'Université de Bruxelles* 1985(1/2) : 187-198, qui note fort justement que « *la vague d'irrationalité anti-scientifique qui a balayé le monde occidental dans la deuxième moitié du XXème siècle s'est emparée de la science-fiction comme moyen de s'exprimer* ».

est « moderne » ou « technique ». Mumford a raison de se plaindre, par exemple, qu'il y ait des victimes de l'automobile depuis qu'il y a des automobiles. Mais il nous semble d'abord que ces victimes sont consentantes. N'importe quel adulte sain d'esprit connaît les risques qu'il prend en se mettant au volant d'une voiture ou en traversant une chaussée où circulent des véhicules à moteur. Nous sommes ici, je le sais bien, au niveau des conversations de café, mais enfin il faut bien y venir, puisque le gros livre de Mumford accumule ce genre de considérations. Il regrette les tués et les blessés de l'automobile. Pourquoi n'a-t-il pas un mot pour les victimes de la peste et du choléra, des tremblements de terre et des éruptions volcaniques ? On voit le mécanisme de pensée : compter les morts « de la technique » en oubliant ceux « de la nature ». Et en oubliant, surtout, que tous, ils vont mourir. Et en oubliant les « sauvés » de la technique, car enfin, dans les pays industrialisés du moins, on ne meurt plus de la peste ou du choléra, et cela est dû à la technique la plus « moderne ».

Mumford a raison, encore, quand il remarque ce qu'il appelle l'« absentéisme psychologique » de l'ouvrier d'usine (et surtout, semble-t-il dire, des usines « modernes », automatisées, « déshumanisées », etc.). C'est vrai qu'une grande majorité des travailleurs, aux environs de 1967, n'éprouvaient pas un réel plaisir à serrer des boulons ou à être les « servants » de machines. Du reste, c'est encore vrai aujourd'hui. Mais pourquoi ne pas rappeler que, depuis *toujours*, la production est pénible ? N'y avait-il pas de l'absentéisme psychologique chez les esclaves des pharaons, chez ceux du temps de la démocratie athénienne, chez ceux de la Rome de Virgile et d'Horace, chez les serfs du Moyen Age, chez les paysans du Languedoc à différents moments de l'histoire... Qu'est-ce que « la technique » vient faire là-dedans ? Les pharaons n'eurent pas besoin de techniques bien avancées (les premiers pharaons ne connaissaient même pas le métal) pour *aliéner* des milliers d'hommes.

Mais enfin, l'essentiel était peut-être, au temps de Mumford, de reconnaître l'importance historique de la technique. « *Je considère la technologie*, dit-il, *comme une partie formative de la culture humaine en son ensemble* ». Cela est essentiel et, en 1967, cela est relativement nouveau, comme nous l'avons vu en insistant sur le peu d'intérêt attribué à la technique par l'intelligentsia de manière générale.

Mais la question est alors : y a-t-il d'autres « parties formatives » de la culture humaine ?

Le soubassement idéologique de la pensée de Mumford est donc une véritable détestation de la technique « avancée », malgré l'importance culturelle qu'il lui accorde. Si l'on cherche plus avant pour comprendre la pensée de cet auteur (dont le retentissement sera remarquable, certains le considèrent comme une des sources de l'écologisme politique), l'on tombe sur ce bref passage : « *En vue de son salut effectif, l'humanité devra passer par quelque chose comme une conversion religieuse spontanée : conversion qui remplacera l'image mécanique du monde par une image organique du monde, et donnera à la personne humaine, en tant que la plus haute manifestation connue de la vie, la préséance qu'elle accorde aujourd'hui à ses machines et à ses ordinateurs* »[130]. C'est donc clair : il faut une nouvelle religion ! Remplacer le savoir par la foi. Ce n'est pas de l'*aliénation*, ça ?

Il faut en outre s'interroger sur l'opposition, apparemment si évidente pour Mumford, entre image mécanique et image organique du monde. Le sociologue américain est indiscutablement encore dans le vitalisme du XIXème siècle : la vie est sacrée, et incommensurable avec le « mécanisme » (d'où l'on voit que la religion à fonder sera une adoration de la « vie »). Mais l'étymologie doit déjà nous avertir : organique, nous l'avons dit, vient d'un mot grec qui signifiait organe... de machine ! Ceux qui connaissent l'évolution de la science de la vie (biologie) aux XIXème et XXème siècles, savent que le progrès des connaissances va justement dans le sens de l'élimination de tout élément « vital » : les molécules ADN et ARN sont des molécules ayant les mêmes propriétés physico-chimiques que le sucre ou le sel. Et ce n'est plus de la

---

[130] L. Mumford : *Le mythe de la machine. 2: Le pentagone de la puissance*, p. 562, 1974.

spéculation, comme l'homme-machine de La Mettrie, les esprits animaux de Descartes ou les âmes végétative, sensitive et intellective d'Aristote. Car (Mumford aurait hurlé, s'il l'avait su) dans les laboratoires, aujourd'hui, on « fabrique » des objets « vivants ».

Philosophiquement, la distinction entre « mécanique » et « organique » est infondée. Le monde est formé d'objets (de notre perception et/ou de notre conscience), et il existe entre ces objets des relations, péniblement mises en évidence par les physiciens, les chimistes et les biologistes, et ces relations peuvent être exprimées, plus ou moins bien, par des formules mathématiques donnant aux physiciens, aux chimistes, aux biogistes, *et aussi aux ingénieurs*, la possibilité de prévoir certains comportements de certains de ces objets. Il y a belle lurette que cette image « mathématique-opérationnelle » a remplacé les vieilles images mécaniques ou organiques.

Dans sa préface au volume 2 de son ouvrage, Mumford précisera sa pensée : « *j'ai considéré la vie elle-même comme étant le phénomène principal, et la créativité, plutôt que la conquête de la nature, comme le critère ultime de la réussite biologique et culturale de l'homme* »[131].

Il est tout à fait certain que cet appel à la « créativité » rencontre beaucoup de sympathie dans tous les milieux, depuis les écoles maternelles où l'on admire la créativité des enfants de trois ans jusque dans les maisons de repos pour personnes du troisième âge où l'on s'adonne à la versification et au macramé (loisirs éminemment créatifs), en passant par les établissements d'enseignement où il est plus important de « développer la créativité » des élèves que de leur apprendre l'histoire (des techniques) et la biologie.

Mais la créativité : pour créer *quoi* ? Lewis Mumford ne nous le dit pas. Beaucoup d'adulateurs actuels de la créativité ne le disent d'ailleurs pas davantage. C'est bien dommage.

Pour 1968, citons Jean Baudrillard, *Le système des objets* ; Roger Ebacher, *La philosophie dans la cité technique. Essai sur la philosophie bergsonienne des techniques* ; Juan

---

[131] L. Mumford, *op. cit.*, préface non paginée.

David Garcia Bacca, *Elogio de la tecnica*, Jürgen Habermas, *Technik und Wissenschaft als Ideologie*[132] ; Dieter Ulle, *Technik und Kultur. Kritik der bürgerlichen Kulturphilosophie Westdeutschlands* ; Georges Elgozy, *Automation et humanisme*.

L'essai de Baudrillard est brillant, mais ne fait guère progresser la réflexion. Il se réfère à Simondon, se demande « *comment la rationalité des objets vient aux prises avec l'irrationnalité des besoins* », admet que les *technèmes*, c'est-à-dire les éléments techniques simples, « *sont en continuelle évolution* », et donne finalement une sociologie de l'objet technique qui nous en apprend plus sur l'homme en société, ses modes et ses fantasmes, que sur la technique elle-même.

Le livre d'Elgozy est d'abord une histoire de l'automatisation, encore nouvelle en 1968, et mal connue des milieux intellectuels de formation littéraire. Ensuite, c'est une étude du retard de l'Europe dans ce domaine par rapport aux USA. Enfin, c'est un regard tout à fait confiant sur l'avenir.

« *Les Européens*, dit par exemple Elgozy, *sont lents à se guérir de leur amour platonique et trahi de l'intelligence dite pure. Leur passion exclusive pour le savoir – qui méprise savoir-faire et faire-savoir – les voue en permanence à trouver des idées et à acheter des brevets.* »

Voici un passage qui résume bien ses conclusions : « *La réduction des horaires de travail fournira aux hommes le moyen d'épanouir leur personnalité* (...) *Alors pourront-ils définir leurs vrais problèmes et assigner à la vie sa vraie valeur* (...) *Libéré des nécessités, l'individu se rendra disponible aux activités de l'esprit : sa vie intérieure prendra une signification. Ce dont le citoyen a besoin c'est d'un sens imprimé à sa propre vie* (...) *Et de poètes, enfin, pour lui rappeler que sa place est unique dans le monde* ».

Et nous terminons les années 1960 avec, en 1969 : Kurt Baier et Nicholas Rescher, *Values and the future: the impact of technological change on American values* ; W. Dale Compton, *The interaction of science and technology* ; Gerald Feinberg,

---

[132] Comme Marcuse, Habermas appartient à l'Ecole de Francfort. Son livre existe en version française : H. Habermas : *La technique et la science comme idéologie*, Gallimard, Paris, 1973.

The Prometheus project. Mankind's search for long-range goals ; George P. Grant, *Technology and empire: perspectives on North America* ; Ludwig Heieck, *Bildung zwischen Technologie und Ideologie.*

Les années 1970

Nous sommes donc arrivés en 1970. Nous avons vu une lente mais constante augmentation du nombre de textes que l'on peut considérer comme traitant de philosophie de la technique (ou du moins de réflexion sur la technique), nous avons vu une accélération des publications (comme dans tous les domaines de l'activité intellectuelle) au cours des dernières années, et nous pouvons tirer quelques conclusions.

Les ingénieurs, ceux qui connaissent la technique de l'intérieur, sont peu présents. A peine avons-nous vu, et tardivement, des groupes de travail se former aux USA, en Allemagne, et la fédération européenne des ingénieurs a produit un volume.

Quant aux philosophes et autres intellectuels formés par la littérature plus que par le calcul et la fréquentation des laboratoires, on peut les répartir en quelques groupes. Il y a bien sûr les catastrophistes, ceux qui ont peur de la technique, de « la Machine », des robots, et surtout de « la Bombe ». Ils n'ont pas fondamentalement tort, mais leur peur n'est pas autre chose que la peur de la souffrance et de la mort. Rien de spécifiquement technique, si l'on veut bien y réfléchir. C'est pourquoi nous avons insisté sur le faible nombre des victimes des bombes de Nagasaki et de Hiroshima. Les philosophes le savent bien, et depuis longtemps : *tous les hommes sont mortels.* Il ne fallait vraiment pas attendre 1945 pour s'en rendre compte.

Il y a un deuxième groupe de penseurs, très important numériquement, qui à notre avis se trompent également de cible : les contempteurs (marxistes ou non) de la société capitaliste-industrielle-bourgeoise. Elle utilise la technique, certes, mais les autres sociétés (toutes les autres sociétés !) aussi. A-t-on réfléchi suffisamment à ce fait très simple – trop simple – que « la révolution » (celle d'octobre, ou n'importe quelle autre) s'est faite *à coups de fusil* ?

Nous sortons donc, avec Habermas, Marcuse et d'autres, de la philosophie de la technique pour entrer dans la philosophie politique, ce qui n'est pas l'objet de notre étude.

Enfin, il y a trois autres groupes (d'autres regroupements sont évidemment possibles). Ceux qui font de la technique un système ou en tout cas quelque chose d'autonome (et nous avons ici des penseurs aussi différents que Heidegger ou Mumford ou Ellul, qui voient la technique comme un tout supérieur à l'homme). Ce système est une menace, et c'est soit le thème de l'apprenti-sorcier, soit celui du destin écrasant (déjà avec le mythème d'Ulysse, les deux aspects sont mêlés : Ulysse pouvait-il faire autrement que de construire le cheval ?).

Puis le groupe de ceux qui font de la technique un bien, soit parce que le progrès technique est prometteur de lendemains moins durs (Elgozy, par exemple), soit parce que la technique est envisagée comme de nature divine. Tout un pan de la pensée chrétienne (Mounier, Russo...) s'y retrouve, mais aussi d'une certaine façon la position de Heidegger : la technique qui dévoile l'être, qui est l'être même...

Enfin le groupe de ceux qui considèrent la technique comme neutre : un simple instrument, indispensable à l'existence physique de l'homme, et dont seul l'usage peut être éthiquement qualifié. C'est une position assez rarement défendue, peut-être parce que trop simple. Les philosophes se méfient du bon sens, depuis longtemps.

Nous devons maintenant reprendre notre chronologie.

Il nous reste une trentaine d'années à parcourir, mais cela représente plusieurs centaines de textes. Continuer à énumérer les références, même de manière lacunaire comme nous l'avons fait, est-ce utile ? Question apparemment anodine, mais qui en fait est bien la question de ce livre, puisque « la technique », c'est l'utilité. Si l'on fait le procès de la technique, on peut aussi bien envisager de faire le procès de l'érudition, et finalement le procès même de la philosophie, de la pensée. La technique est-elle bonne, mauvaise ou éthiquement neutre ? Nous ne le savons pas encore. Mais la pensée : est-elle bonne ? La technique est le signe de l'humain. L'humain peut-il dès lors penser ce signe ? Toute réflexion axiologique, qui tente d'établir des échelles de valeur et des significations, n'est-elle pas condamnée, tôt ou tard, à s'interroger sur sa propre démarche ? Les livres d'Ernst Kapp (le premier, peut-être), de Mumford, de Simondon, de Spengler, et des autres, que nous avons cités ou que nous avons omis, sont-ils utiles ? Et faut-il que j'y ajoute « ma » pensée ?

Que signifie d'ailleurs ce « ma » ? Cette pensée est-elle vraiment « mienne », dès lors que j'ai lu Kapp, Mumford, et tant d'autres ? Le philosophe, réfléchissant à la technique, ne doit-il pas d'abord convenir qu'*il ne pourrait pas réfléchir sans la technique*, et que ce qu'il revendique pour sien n'est que le dépôt de ses lectures, rendues possibles par tout un « système technicien », et parfois aussi le dépit de ses incompréhensions ?

Il faut, disait Voltaire, « cultiver notre jardin ». Mon jardin étant la philosophie de l'acte technicien, je continue donc. A défaut de créativité, et sans vouloir instituer une religion nouvelle, ni prétendre participer au « dessein de Dieu sur le monde », je continue à rassembler des références bibliographiques. Sans trop d'illusion.

Il faut d'abord dire que dans les années 1970 les publications périodiques se multiplient. C'est le signe que la discipline a atteint une espèce de maturité. Déjà, en 1960, il y avait eu la fondation de la revue *Technology and Culture*, par Melvin Kranzberg, dans le cadre du SHOT dont nous avons signalé la création en 1958. Cette revue est très importante, mais elle est plus orientée vers l'histoire et la sociologie que vers la philosophie proprement dite. Mais nous ne pouvons l'ignorer, car en plus de 40 ans elle a accumulé une documentation vraiment remarquable.

En 1971, est fondée la revue *Science Studies*, qui changera de titre en 1975, devenant *Social Studies of Science*. La revue *Newsletter of the Program on Public Conceptions of Science* est fondée en 1972, qui deviendra *Newsletter on Science, Technology & Human Values* en 1976, puis *Science, Technology & Human Values* en 1978.

Mentionnons encore la revue *Kultur & Technik*, fondée par le Deutsches Museum en 1977, puis la revue *Technology in Society*, fondée par l'Américain George Bugliarello en 1979, puis encore la revue *Technik und Gesellschaft* fondée à Francfort en 1982 [133].

Evidemment, s'il y a fondation de revues, il y a aussi toute une activité de création de chaires dans les universités (et même, mais plus récemment, dans certaines écoles d'ingénieurs), de fondation de sociétés savantes, voire même d'institution d'organismes gouvernementaux. Bornons-nous à signaler, en France, la fondation du Centre de recherche sur la culture technique, CRCT, par Jocelyn de Noblet, Maurice Magnien et Thierry Gaudin, à Neuilly-sur-Seine, en 1979. L'activité de cette association, qui eut d'assez gros moyens, débuta par une conférence nationale à Annonay intitulée « Pour le développement de la culture technique » (du 3 au 5 octobre 1979). Elle a publié une très copieuse revue *Culture technique*, qui cessera de paraître en 1994, lors de la dissolution de l'association.

Enfin, signalons encore deux revues « électroniques », c'est-à-dire accessibles par Internet. La revue *Tekhnema* est fondée par l'American University of Paris, en 1993, et la revue *Techné, quarterly electronic journal* est fondée par la Society for Philosophy and Technology[134], avec pour *general editor* Paul T. Durbin (University of Delaware).

Il est clair qu'une bibliographie de la philosophie de la technique devrait signaler tous les articles parus dans ces revues, et dans d'autres périodiques que nous n'avons pas cités. La tâche est immense.

Citons donc, « en vrac » :

1970 : William G. Carleton, T*echnology and humanism. Some exploratory essays for our times* ; Robert L. Carovillano et James W. Skehan, *Science and the future of man* ; Georges Friedmann, *La puissance et la sagesse* ; Aleksandr Avramievich Kuzin, *Karl Marx und Probleme der*

[133] Je dois rappeler aussi qu'en 1978, je fonde, à Bruxelles, la revue *Technologia*, qui paraîtra jusqu'en 1989. Mais elle a publié surtout des travaux d'histoire des sciences et des techniques, la philosophie de la technique n'y étant représentée que par quelques textes trop rares.

[134] Fondée aux Etats-Unis en 1977.

Technik ; Herbert J. Muller, *The children of Frankenstein. A primer on modern technology and human values.*

1971 : Jack D. Douglas, *The technological threat* ; William Kuhns, *The post-industrial prophets. Interpretation of technology* ; Hans Lenk, *Philosophie im technologischen Zeitalter* ; N.N. Stoskowa, *Friedrich Engels über die Technik. Zu ihrer Rolle in der Entwicklung der Gesellschaft* ; Donald A. Schon, *Beyond the stable state.*

1972 : Richard J. Bernstein, *Praxis and action* ; Donald S.L. Cardwell, *Technology, science and history: a short study of the major developments in the history of Western mechanical technology and their relationships with science and other forms of knowledge* ; Kevin D. Kelly, *Youth, humanism and technology. Construction of an alternative reality* ; John G. Kemeny, *Man and the computer* ; Carl Mitcham et Robert Mackey, *Philosophy and technology. Readings in the philosophical problems of technology* ; Jean-Claude Beaune, *La technologie.*

1973 : Ian G. Barbour, *Western man and environmental ethics. Attitudes towards nature and technology* ; Arno Baruzzi, *Mensch und Machine. Das Denken sub specie machinae* ; Bernard Charbonneau, *Le système et le chaos. Critique du développement exponentiel* ; Ivan Illitch, *Tools for conviviality*[135] ; André Robinet, *Le défi cybernétique. L'automate et la pensée.*

Notons en outre qu'en cette année 1973 Carl Mitcham et Robert Mackey publient une impressionnante *Bibliography of the philosophy of technology* (*Technology and Culture* 14(2, part II), XV+205 p.).

1974 : Victor C. Ferkiss, *The future of technological civilization* ; Alois Huning, *Das Schaffen des Ingenieurs. Beiträge zur einer Philosophie der Technik* ; Hans Jonas, *Philosophical essays : from ancient creed to technological man* ; Friedrich Rapp, *Contributions to a philosophy of*

---

[135] Le petit livre d'Illitch, qui s'inscrit dans la lignée de Mumford, eut un succès considérable. Il fut traduit en français : I. Illitch : *La convivialité*, Seuil, Paris, 1973. Le mot « convivialité » est devenu un des mots-clés de la sensibilité contemporaine.

technology ; Philip C. Ritterbush, *Technology as institutionally related to human values.*

1975 : Jean-Claude Derian et André Staropoli, *La technologie incontrôlée ?*; Melvin Kranzberg et Joseph Gies, *By the sweat of thy brow. Work in the Western world.*

De ce livre, extrayons au moins ceci, qui contrastera heureusement avec les vues désespérantes de Mumford et autres : « *The worker of the 1970's, seated at the console of an automated factory, seems to have risen from his old status as slave to become instead an overseer of slave machinery* (...) *he will no longer need to do work in its pejorative sense* (...) *Instead, he will be free to do the work that a robot cannot do, and which expresses own humanness – to build, carve, paint, write, act, design, to recover the charm of craftsmanship in an atmosphere of freedom. Is this prospect so alarming ?* ». Cette simple phrase nous montre que pour juger de l'aliénation et du malheur des hommes du « système technicien », il faut savoir avec quels hommes d'avant on les compare. Notre surveillant de machines automatiques n'a peut-être pas le sort des courtisans de Louis XIV ou des conseillers de Jules César. Mais par rapport *à la majorité des Français* des années 1670 ?

1976 : Samuel C. Florman, *The existential pleasures of engineering* ; John Kasson, *Civilizing the machine. Technology and republican values in America, 1776-1900* ; Otto Mayr, *Philosophers and machines* ; Stephan Tovmassian, *Problèmes philosophiques du travail et de la technique* (traduit du russe) ; Benjamin Coriat, *Science, technique et capital.*

Lisons quelques passages de ce dernier ouvrage, qui commence par une analyse des « *premières interrogations sur la science et la technique* » (qui remontent, d'après Coriat, à la naissance des sciences modernes, c'est-à-dire à Galilée), qu'il catégorise en trois inquiétudes :

1° la peur des utilisations militaires ;

2° la crainte de la « *réification du travail humain* » ;

3° la hantise de la « *destruction non réversible des ressources naturelles* ».

Il faudrait, préconise Coriat, « *élaborer une critique du développement scientifique qui s'attache à mettre à jour comment les sciences ne se constituent que dans une lutte avec des formations discursives où l'idéologie tient une place importante. Mettre en place, contre une logique capitaliste de l'accumulation du capital qui imprime des caractéristiques spécifiques au procès de production des connaissances scientifiques et techniques, une voie différente basée non plus sur la division du travail et la spécialisation de plus en plus poussée de techniciens hautement qualifiés, mais sur l'initiative des travailleurs immédiats et leur association aux techniciens et cadres dans le travail de conception et d'expérimentation scientifique. Ceci dans une stratégie de lutte pour l'abolition de la séparation entre travail manuel et travail intellectuel.*

Enfin mettre en question non seulement l'usage capitaliste de la technique, mais montrer que les techniques dans leur matérialité même portent l'empreinte des rapports sociaux dans et sous lesquels elles ont été conçues. »

C'est à l'évidence un bon résumé de la conception marxiste-française des années 1970 : pas de barrières « de classe » entre ingénieurs et ouvriers, et jusqu'à cette idée que la technique contemporaine résulte des rapports sociaux, jusque dans sa matérialité même.

Cette idée résulte-t-elle d'une observation sérieuse, ou est-elle la transposition mécanique de l'idée de superstructure du marxisme ? Où peut-on voir des rapports sociaux dans la matérialité des objets techniques ? Est-ce vraiment pour défendre les intérêts du patronat et de la bourgeoisie que les microprocesseurs sont en silicium et les blocs-moteurs des automobiles en acier ou en alliage d'aluminium ? Quel est le rapport social qui a imposé le cuivre pour la production des fils électriques et le chlorure de polyvinyle pour les poches de sang à transfuser ?

En 1976, nous devons également signaler que la revue *Les Etudes philosophiques* consacre son numéro de juin à « la technique ». On y trouve des articles de Georges Bastide (sur l'énergie nucléaire), Jean-Claude Beaune (sur la définition du terme « technologie »), de Daniel Cérézuelle, de Jacques Ellul, d'Hubert Saget, de Bertrand Saint-Sernin.

Il est exclu de citer tous ces textes, et encore plus de les commenter. Retenons seulement deux passages de celui de Bastide[136] : « *Derrière le savoir de la science, derrière le pouvoir de la technique, il y a quelque chose qui, en dernière instance, est plus profondément en question : c'est le vouloir de l'homme, car c'est à lui que toutes les autres choses se trouvent suspendues. Ce qui fait la faiblesse du philosophe réduit à une sorte de nudité verbale n'est que l'envers de la grandeur de sa tâche qui vise à transformer l'essentiel* ». Je suis assez d'accord avec cette mention de la *nudité verbale* du philosophe.

Et voici la dernière phrase de l'article de Bastide : « *J'ai la naïveté de croire qu'il y a des valeurs morales éternelles.* » Naïveté, en effet.

1977 : Bernard Gendron, *Technology and the human condition* ; Robert Jungk, *Der Atomstaat* ; Jean Ladrière, *Les enjeux de la rationalité. Le défi de la science et de la technologie aux cultures* ; Heinrich Stork, *Einführung in die Philosophie der Technik* ; Langdon Winner, *Autonomous technology. Technics-out-of-control as a theme in political thought* ; Jacques Ellul, *Le système technicien.*

L'ouvrage d'Ellul est d'un intérêt considérable pour notre propos. Il rassemble tous les griefs contre la technique, non sans faire d'ailleurs – comme l'avait aussi fait Mumford – quantité d'observations justes et intéressantes. Mais l'essentiel – le pire – c'est cette affirmation, véritable credo : « *la Technique ne se contente pas d'être, et, dans notre monde, d'être le facteur principal ou déterminant, elle est devenue Système* ». Autant dire l'Antéchrist. Car, dira Ellul, « *la souveraineté humaine est menacée* » (par la toute-puissance de ce Système).

L'année 1978 est marquée par la publication d'un ouvrage qui constitue le premier volume d'une collection qui paraîtra, très régulièrement, jusqu'en 2000. C'est Paul T. Durbin et Carl Mitcham (nous avons déjà rencontré ces deux philosophes américains) qui sont les éditeurs de cette série,

---

[136] G. Bastide : « L'énergie nucléaire », *Les Etudes philosophiques* 1976(2) : 131-134.

baptisée *Research in philosophy and technology*. Rien que la mention des textes parus dans les 20 volumes de la série nous prendrait de nombreuses pages. La philosophie de la technique, du moins en Amérique du Nord, est vraiment devenue une « discipline à part entière ».

Notons, bien que cela ait presque un caractère anecdotique, que la série, à partir de 1985, sera dirigée par Carl Mitcham, les volumes 12 et 13 étant édités par Frederick Ferré (en 1992 et 1993). Par l'ampleur de sa bibliographie, Mitcham devient ainsi un des plus importants auteurs dans notre domaine à la fin du XXème siècle.

Et nous avons encore, en 1978 : Edward G. Ballard, *Man and technology. Toward the measurement of a culture* ; R.J. Baum et A. Flores, *Ethical problems in engineering* ; M. Fores, *Scientists on technology : a confusing saga* ; Friedrich Rapp, *Analytische Technikphilosophie* ; Hans Sachsse, *Anthropologie der Technik*.

Et en 1979, nous signalerons : William E. Barrett, *The illusion of technique. A search for meaning in a technological civilization* ; Heinrich Beck, *Kulturphilosophie der Technik. Perspektiven zu Technik- Menschheit-Zukunft* ; Donald M. Borchert et David Stewart, *Being human in a technological age* ; George Bugliarello et Dean B. Doner, *The history and philosophy of technology* ; Don Ihde, *Technics and praxis* ; Günter Ropohl, *Eine Systemtheorie der Technik* ; Hans Jonas, *Das Prinzip Verantwortung. Versuch einer Ethik für die technologische Zivilisation*[137].

Quelques mots sur l'important travail de l'Américain Don Ihde. Il commence par remarquer que domine, dans la philosophie anglo-saxonne (mais à vrai dire, nous pouvons retrouver ce schéma platonicien aussi dans les traditions philosophiques de France ou d'Allemagne), l'idée que la philosophie de la technique n'est qu'une branche de l'épistémologie, la technique étant conçue comme la science « appliquée ». Mais, reconnaît Ihde, c'est là utiliser la

---

[137] Ce livre paraîtra en 1984 en langue anglaise : H. Jonas : *The imperative of responsibility. In search of an ethics for the technological age*, University of Chicago Press, Chicago.

distinction, remontant à Platon, du corps et de l'esprit. Il faut renverser ce platonisme, et donc étudier à la fois les rapports entre corps et esprit et entre technique et science. Ce qui conduit Ihde à proposer une typologie des quatre attitudes philosophiques possibles face à la technique.

Le « parallélisme » : la science et la technique sont des activités séparées, parallèles, avec une corrélation dont la nature nous échappe, c'est évidemment la conséquence de l'acceptation du dualisme esprit-matière.

L'« idéalisme » : l'esprit actif de l'homme agit sur la matière ; la technique est alors vue comme une science appliquée (conception la plus courante).

Le « matérialisme » : c'est la matière qui agit sur l'esprit, qui est même la source de l'esprit ; la science résulte alors du développement historique de la technique.

Le « monisme » : la matière et l'esprit ne sont que des mots pour désigner une seule réalité. Ihde propose pour signifier le rapport entre science et technique, dans cette option moniste, de parler de « techno-science ».

Finalement, Ihde adopte la position matérialiste, affirmant donc l'antériorité logique et historique (essentielle) de la technique sur la science. Cela le conduit à l'analyse de l'instrument, qu'il interprète non seulement comme « prolongation du corps », mais également comme « prolongation du langage ». Il voit bien que c'est l'*instrumentation*, permettant « *the technological embodiment of science* », qui fait la « *crucial difference between modern and ancient science* ».

« *Contemporary science*, dira-t-il, *is technologically embodied science. Some, most notably Heidegger, would make a more radical claim : contemporary science is technologically formed. That is a question which calls for an investigation into the telos of contemporary technics* ».

Les années 1980

A mesure que l'on se rapproche de nos jours, l'abondance des titres continue évidemment à s'accroître. Il est de plus en plus nécessaire de sélectionner. Voici donc encore quelques titres, parmi de très nombreux autres.

1980 : Jacques Ellul, *L'empire du non-sens. L'art et la société technicienne* ; Melvin Kranzberg, *Ethics in an age of pervasive technology* ; Jean-Claude Beaune, *L'automate et ses mobiles* ; Alfred Sauvy : *La machine et le chômage; le progrès technique et l'emploi* ; J.C. Beaune, *La technologie introuvable* ; Sanford A. Lakoff, *Science and ethical responsibility*.

Arrêtons-nous quelques instants au livre de Beaune sur la technologie « introuvable ». Il est sous-titré : *Recherche sur la définition et l'unité de la Technologie à partir de quelques modèles du XVIIIe et XIXe siècles.* On le voit, il s'agit d'abord d'une recherche érudite, scolaire, historiquement limitée à deux siècles (mais il est vrai, à deux siècles décisifs, si l'on veut bien accepter notre thèse de la transformation de la technique en technologie aux alentours de 1800), et où l'on ne prétend pas aller jusqu'à la définition ontologique du technologique (et/ou du technique), mais où l'on s'efforce de délimiter le champ sémantique du mot technologie, et de faire apparaître par des citations nombreuses et référencées les imprécisions du mot. Mais il est évident que l'imprécision du mot dans l'usage au siècle de l'*Encyclopédie* et puis encore pendant le siècle du positivisme renvoie à une conception peu claire du technologique, et que la recherche surtout terminologique de Beaune est très éclairante pour le philosophe.

Prenons l'extrait suivant, qui correspond tout à fait à notre propre analyse de l'avènement de la technologie comme discours, et comme discours rendu nécessaire à la fois par la complexification croissante « des » techniques et par le besoin d'unité de l'enseignement visant à former des ingénieurs.

« *La fixation du discours technologique repose sur l'existence d'Ecoles et d'Enseignements spécialisés. L'école républicaine tente d'honorer ce principe. En 1793, J.H. Hassenfratz*[138] *dispense au Lycée des Arts un enseignement de « Technologie » qui vise à la description des machines, à l'analyse de leurs éléments communs et de la manière de les*

---

[138] Jean Henri Hassenfratz (1755-1827) était chimiste. Il crée le cours de « technologie » au Lycée des Arts, dès l'institution de celui-ci en 1793. Il appartenait au groupe de savants où l'on trouve Lavoisier, Condorcet, Monge, Vandermonde.

construire. L'enseignement d'Hassenfratz se développe à l'Ecole Polytechnique, tandis que Fourcroy et Cuvier cautionnent l'existence de la Technologie. La période révolutionnaire (y compris le Directoire) est novatrice dans le domaine de l'enseignement technique. »

Cet autre extrait est également à méditer : « *On peut simplement poser que l'on passe de la technique (des techniques multiples) à la Technologie lorsque les techniques trouvent, au prix d'une mutation historique, un centre ou un paradigme qui résume l'ensemble des opérations (...) L'accès des techniques empiriques à la rationalité sanctionne leur prédestination à l'universalité. L'impact de la science confirme le sens évolutionniste du progrès technique, et le justifie...* ».

A l'occasion d'un commentaire de l'ouvrage de Simondon, Beaune fait aussi cette remarque qui nous paraît essentielle : « *il faut chercher la rationalité dans la technique elle-même et non dans des impératifs économiques projetés sur elle. Cette pensée intrinsèque des techniques suggère une évolution par paliers réalisant des systèmes successifs de cohérence. Puisque le principe du progrès réside dans la manière dont l'ensemble se conditionne lui-même, se réalise selon son propre principe du meilleur (fonctionnement), les sauts entre objets naissent des obstacles et des « consciences » que l'objet prend lui-même des limites de son fonctionnement* ». Il y a ici une amorce d'analyse de l'efficacité technicienne (mais y en a-t-il une autre ?) à partir de l'idée de progrès : le philosophe ne peut pas faire l'économie de l'histoire dans cette question centrale, ou il doit au moins interroger l'ingénieur : *pourquoi* a-t-il remplacé la combustion externe par la combustion interne, ou l'acier au carbone par l'aluminium ? Tant que le philosophe de la technique n'atteint pas le concret des bureaux d'études et des chantiers, il reste au niveau du discours, du λογος peut-être, c'est-à-dire qu'il reste *à distance* de ce qu'il veut comprendre. Intéressant de noter que le livre de Beaune, qui est surtout un travail de terminologie, montre assez clairement les limites des termes.

Ajoutons que Jean-Claude Beaune a bien évalué le véritable rapport entre science et technique. Ainsi peut-on lire, page 113, cette intéressante remarque : « *En tant que mise en oeuvre d'un ensemble de procédés classificatoires, la Technologie n'est pas essentiellement différente des sciences à l'origine. La réduction opérée généralement par la science consiste en l'assimilation brutale de la pratique artisanale*[139] *à l'empirisme immédiat. Bricolage technique, bricolage intellectuel. Pensée sauvage, incapable de se penser, de s'agir, donc soumise, par ses propres manques, à des autorités supérieures. La technologie, plus fidèlement que la science conserve en elle l'empreinte de la classification pratique des actes, des gestes et des savoirs* ».

1981 : Samuel C. Florman, *Blaming technology. The irrational search for scapegoats* ; Joseph Agassi, *Science and society* ; Rudolf Haller, *Science and ethics* ; Yvette Lucas (une sociologue), *La révolution scientifique et technique. Un débat pour l'homme et la société* ; Friedrich Rapp, *Analytical philosophy of technology* (traduction de l'allemand) ; John Loscerbo, *Being and technology. A study in the philosophy of Martin Heidegger* ; Gregory H. Davis, *Technology. Humanism or nihilism. A critical analysis of the philosophical basis and practice of modern technology*.

1982 : Karl Heinz Delschen et Jochem Gieraths, *Philosophie der Technik. Die Technikdiskussion in der Philosophie des 20. Jahrunderts* ; Philipp R. Fandozzi, *Nihilism and technology. A Heideggerian investigation* ; James K. Feibleman, *Technology and reality* ; Sybille Krämer, *Technik, Gesellschaft und Natur. Versuch über ihren Zusammenhang* ; Hans Lenk, *Zur Sozialphilosophie der Technik.*

1983 : Mike W. Martin et Roland Schinzinger, *Ethics in Engineering* ; James H. Schaub et Karl Pavlovic, *Engineering professionalism and ethics* ; Philippe Roqueplo, *Penser la technique. Pour une démocratie concrète* ; Don Ihde, *Existential technics*[140].

---

[139] On pourrait, avec à peu près le même sens, opposer « artisanal » à « industriel » comme nous opposons technique à technologique.

[140] Parmi les nombreux articles de revue, signalons en 1983, de Jacques Ellul : « Recherche pour une éthique dans une société technicienne » (*Annales de l'Institut de Philosophie et de Sciences*

1984 : Gilbert Hottois, *Le signe et la technique* ; Carl Mitcham et Jim Grote, *Theology and technology. Essays in christian analysis and exegesis.*

1985 : Ernst Cassirer, *Symbol, Technik, Sprache* ; Franco Ferrarotti, *The myth of inevitable progress* ; Hans Jonas, *Technik, Medizin und Ethik. Zur Praxis des Prinzips Verantwortung* ; François Dagognet, *Rematérialiser: matières et matérialismes.*

Le livre de Dagognet est de toute première importance. Voici quelques moments de ce beau texte.

« *L'ustensilité, c'est à dire « un non-moi » dévoué au moi, qui l'a d'ailleurs soigneusement façonné, permet à la conscience de se rencontrer partout et d'ignorer l'au-delà du cercle où elle brille.* »

« *Nous commençons à être envahis par une étonnante « artificialité » appelée à devenir notre néo-nature.* »

« *Déjà l'anesthésie, en son temps, avait sidéré parce qu'elle supprime tout d'un coup la conscience mais sans toucher à la vie ; et elle la restitue ou la diminue au besoin, à volonté – une décapitation sans dommage, momentanée, réversible* ».

1986 : Langdon Winner, *The whale and the reactor. A search for limits in an age of high technology* ; Carl Mitcham et Alois Huning, *Philosophy and technology. II. Information technology and computers in theory and practice.*

1987 : Paul T. Durbin, *Technology and responsibility* ; Samuel C. Florman, *The civilized engineer* ; Hans Lenk et Günter Ropohl, *Technik und Ethik.*

1988 : Paul T. Durbin, *Technology and contemporary life* ; Frederick Ferré et Carl Mitcham, *Ethics and technology* ; Frederick Ferré, *Philosophy of technology* ; Dieter Nemeth, *Zur technologischen Formation der Gesellschaft* ; Reinhard Ost, *Die Krisen des Homo technologicus. Wege zu einer kritischen Techniksoziologie* ; Shoshana Zuboff, *In the age of the smart*

---

morales, Bruxelles, 1983 : 7-20). On y trouve cette phrase tout à fait typique de l'idéalisme technophobe : « *La morale technicienne* (...) *refoule dans le domaine du gratuit et de l'inefficace ce qui permettrait de donner un sens à la vie de l'homme* ».

machine. The future of work and power ; Jacques Ellul, *Le bluff technologique* ; Jean-Yves Goffi, *La philosophie de la technique* ; Gilbert Hottois, *Evaluer la technique. Aspects éthiques de la philosophie de la technique.*

Retenons du livre de Goffi sa tentative de définition de la technique. Pour y arriver, il cherche d'abord à repérer les critères de la technique, et il en trouve cinq. Pour lui, la technique est

1° culturelle ;

2° acquise et non innée ;

3° organisée en système ;

4° une barrière établie entre l'homme et son milieu ;

5° visible ou invisible.

Ce qui l'autorise à proposer la définition suivante : « *il y a technique partout où une activité est assez élaborée pour qu'on puisse y distinguer un but et des médiations nécessaires à la réalisation de ce but* ».

Nous n'allons pas discuter plus longuement le livre de Goffi – chacun des textes de notre énumération mériterait évidemment des commentaires. Mais disons quand même qu'il nous semble que si Goffi arrive bien à déterminer le genre prochain de la technique (en somme, une activité qui se donne des moyens pour atteindre un but), il ne repère pas ce qui pour nous constitue la différence spécifique de la technique par rapport aux autres activités humaines. Rappelons les quelques considérations que nous avons faites sur les rapports entre technique, magie et art. Il me paraît clair que la définition de Goffi convient autant à l'art et à la magie qu'à la technique. Le magicien comme l'artiste développent une activité « assez élaborée », visent un but, et il se trouve dans l'art comme dans la magie « des médiations nécessaires à la réalisation de ce but ». Ce qui doit figurer dans la définition de la technique, c'est en quoi elle se distingue à la fois de la magie (qui, rappelons-le, lui est historiquement antérieure) et de l'art (qui lui est historiquement postérieure : il n'y a pas, selon nous, d'« art préhistorique » ni d'« art primitif »). Quelques-uns des auteurs que nous avons signalés jusqu'à présent l'ont dit : efficacité, rationalité, utilisation des « lois de la nature », acceptation des injonctions de l'objet : voilà ce qui fait de la technique ce qu'elle est : un dévoilement de l'être si l'on parle comme Heidegger[141], c'est-à-dire la capacité de prendre les choses comme elles sont, de les comprendre, et de s'en *servir*.

Mais je ne voudrais pas quitter Jean-Yves Goffi sans citer une phrase de sa conclusion : *« l'attitude dominante à l'égard de la technologie est le soupçon, la méfiance, le ressentiment »*. Ici, notre accord avec l'auteur est total. Reste à voir la source de ce ressentiment.

1989 : Denis Duclos, *La peur et le savoir. La société face à la science, la technique et leurs dangers* ; Paul T. Durbin, *Philosophy of technology. Practical, historical and other dimensions* ; Juan David Garcia Bacca, *De magia a tecnica: ensayo de teatro filosofico-literario-tecnico* ; Daniel Sibony, *Entre dire et faire. Penser la technique* ; Peter Weingart, *Technik als sozialer Process* ; Carl Mitcham et Philip Siekevitz, *Ethical issues associated with scientific and technological research for the military* ; François Dagognet, *Eloge de l'objet. Pour une philosophie de la marchandise.*

Arrêtons-nous au nouveau livre de Dagognet.

« *Il nous a semblé que l'objet, dont nous entonnons l'éloge, en même temps que celui de la société dite de consommation,* nous dit-il, *n'avait pas retenu l'attention, encore moins la faveur des philosophes. Ils s'en méfient. Ils ont été davantage attirés par le sujet.* »

Et c'est bien, pour Dagognet, l'objet qui compte : « *Marx*, dit-il aussi, *devait mettre en évidence que l'activité humaine se déposait justement dans cette extériorité* (...) *Mieux vaut donc chercher l'humain dans cette direction et éviter*

---

[141] Heidegger dit aussi que l'avènement de la technique moderne est l'achèvement de la métaphysique. L'équation « technique = métaphysique achevée » est peut-être la clé de lecture indispensable pour comprendre une grande partie des textes dont nous avons accumulé les références. Avec toute l'ambiguïté qui s'attache à l'adjectif « achevée ». Car l'on peut prétendre que la technique *achève* la métaphysique en la détruisant (l'oubli de l'être), ou au contraire que la technique *achève* la métaphysique jusque là inaboutie, en la portant à son dernier degré de perfection.

justement l'impasse noire de la subjectivité qui ne mène nulle part. On ne trouve les principes et la théorie que dans les corps mêmes ».

Mais Dagognet poursuit en élaborant une distinction entre les « choses » et les « objets » (ou « produits ») qui nous paraît peu convaincante. N'y a-t-il pas là ce sociologisme qu'il a justement dénoncé chez un auteur comme Baudrillard[142] ? Y a-t-il une différence ontologique entre le caillou que personne ne ramasse et le caillou ramassé (qui peut être un « outil » même sans être taillé) ? C'est ce que semble prétendre Dagognet, et nous ne le suivrons pas si loin : « *L'appellation objet renvoie, en effet, d'elle-même, au sujet : l'objet est posé, en face du sujet, par et pour lui, comme un adjuvant ou un secours. Il faut donc que le possesseur ou l'utilisateur l'ait façonné de quelque manière* ».

Les années 1990

1990 : Don Ihde, *Technology and the life world: from garden to earth.*

1991 : Paul T. Durbin, Europe, *America, and technology: philosophical perspectives* ; Andrew Feenberg, *Critical theory of technology* ; Don Ihde, *Instrumental realism: the interface between philosophy of science and philosophy of technology* ; Günter Ropohl, *Technologische Aufklärung*.

Voici le début du livre de Feenberg : « *Must human beings submit to the harsh logic of machinery, or can technology be fundamentally redesigned to better serve its creators ? This is the ultimate question on which the future of industrial civilization depends. It is not primarily a technical question but concerns a fundamental issue in social philosophy, the neutrality of technology and the related theory of technological determinism. If technology is neutral, then its immense and often disturbing social and environmental impacts are accidental side effects of progress. Much current debate*

---

[142] Dagognet fait en effet la critique de Baudrillard, qui ne voit dans les objets dont il analyse le « système » que des rapports sociaux, là où il y a des choses.

polarizes around the question of whether the side effects outweigh the benefits. The advocates of further progress claim « reason » as their ally while the adversaries defend « humanity » against machines and mechanistic social organizations. The stage is set for a struggle for and against technology.

The Critical Theory of Technology rejects this alternative and argues that the real issue is not technology or progress per se but the variety of possible technologies and paths of progress among which we must choose. »

Le passage suivant nous paraît assez clair pour faire comprendre la position de Feenberg : « *Thus critical theory agrees with instrumentalism in rejecting the fatalism of an Ellul or a Heidegger. It does not despair in the face of the triumph of technology, nor call for a renewal of the human spirit from a realm beyond society such as religion or nature. The choice of civilization is not decided by the immanent drift of technology, but can be affected by human action. Political struggle, as a spur to cultural and technical innovation if not necessarily in its traditional statist form, continues to play a role.* »

C'est au moins un message d'espérance, ou d'incitation à un raisonnable effort.

Après tout, peut-être qu'Ellul, Heidegger et les autres technophobes ont raison.

Peut-être que le Système Technicien domine l'homme irrémé-*diaboliquement*. Mais alors il n'y a *rien à faire*. Et même penser la technique ne saurait nous sauver ! Il ne reste plus alors qu'à vivre, *en attendant*. Et c'est peut-être mieux, *en attendant*, de vivre avec un ordinateur qu'avec un boulier-compteur, avec des trains électriques qu'avec des chars à boeufs, et avec des OGM qu'avec des récoltes dévastées par les charançons et les nématodes. Plutôt que de rejeter « la technologie », il est peut-être en effet préférable, *en attendant*, d'essayer de choisir pour le mieux entre le moteur Diesel et le moteur à essence, entre le mur en bois et le mur en briques, entre l'énergie nucléaire et le pétrole. *Political struggle* ? En effet. C'est au moins une certitude : la technologie, même « avancée », ne nous dispense pas du combat politique.

Feenberg nous fait réfléchir : peut-être que toute cette réflexion sur la technique, bonne pour les uns, mauvaise pour les autres, ou « éthiquement neutre » pour certains, est finalement inutile, comme est peut-être inutile d'avoir vu la face cachée de la Lune et d'avoir compté les galaxies. Le seul problème philosophique vraiment sérieux, disait Camus, est le suicide. Mais avant de mourir, il faut vivre. C'est peut-être ça le « problème philosophique vraiment sérieux ». C'est ce que Feenberg nous a rappelé, en 1991.

Il y aurait aussi beaucoup à citer du livre de Don Ihde. Je me contenterai de ce passage, car je ne saurais trop insister sur cette « inversion idéologique » : « *Heidegger, who inverted the usual understanding of science and technology by making technology prior to science, and who found in the praxis of tool use an embodiment model for understanding the generation of knowledge* ».

1992 : Jean Brun, *Le rêve et la machine : technique et existence* ; Eugene S. Ferguson, *Engineering and the mind's eye* ; Victor Scardigli, *Les sens de la technique* ; Wiebe E. Bijker et John Law, *Shaping technology. Building society. Studies in sociotechnical change* ; Ian G. Barbour, *Ethics in an age of technology.*

Arrêtons-nous au livre de Brun, dont nous savons déjà que sa méditation est partie d'une réflexion sur l'opposition et la complémentarité de la main et de l'esprit.

Brun commence par l'évocation de ce « fonds obscur » qu'il a trouvé dans sa méditation sur la condition humaine.

« *Il faut donc repenser l'histoire des techniques*[143] *pour montrer qu'elle ne relève nullement d'un progrès de la conscience qui serait parallèle à un progrès de la science, mais qu'elle appartient à ce fonds obscur gisant au coeur de l'homme et auquel elle donne l'occasion de se manifester.*

Les machines sont, en effet, à la fois les filles et les mères de phantasmes qu'il faudrait qualifier de méta-physiques ». Et, développant son idée, Brun nous expose que la

---

[143] Nous espérons, dans nos deux livres déjà cités (publiés en 2003 et 2004), avoir « repensé » l'histoire des techniques. Nous n'avons hélas pas trouvé le « fonds obscur » de Jean Brun.

technique est plus qu'une simple tactique de vie : elle est une stratégie de l'existence. A la fonction utilitaire de la machine, Brun ajoute une fonction onirique.

Nous avons déjà dénoncé cet idéalisme qui s'arme de nouveaux mots pour affirmer l'obscur. Nous avons dit que l'on peut (Bachelard, par exemple) remplacer le mot « besoin » par le mot « rêve ». Ou désigner un « désir » par le terme « fantasme ». C'est très exactement à cette manipulation terminologique que se livre Jean Brun.

Remplacer tactique par stratégie n'a pas ici de véritable portée (même si les militaires font soigneusement la distinction entre ces deux aspects de l'art de la guerre). Par contre, passer du mot « vie » au mot « existence » produit chez le lecteur candide l'impression que l'on va passer du quotidien et du banal (le simple bon sens de l'homme ordinaire) au profond et au fondamental (le savoir du philosophe). Hélas ! Qu'y a-t-il de plus dans l'existence d'un homme que dans sa vie ?

Et c'est le même procédé qui conduit Brun à découvrir la présence dans la technique d'une « fonction onirique ». Ici aussi, nous sentons bien que nous atteignons enfin les vraies profondeurs de la philosophie. Mais au fait, pour rêver quoi ? L'homme qui rêve – au cours de son existence, si différente de sa vie ! – que peut-il rêver d'autre que ses besoins et ses désirs ? Et ces désirs et ces besoins, d'où pourraient-ils venir, sinon de l'objet ?

Certes, Brun le dit fort bien : « *Fille et mère des rêves, la machine s'est vu finalement confier la mission de gommer le rêveur lui-même de l'univers des choses* ». Ou encore : « *Car l'homme attend de ces créatures ensorceleuses que sont devenues les machines qu'elles l'arrachent enfin à son être.*

Signe que l'homme éprouve intensément que ni le monde ni lui-même ne sauraient lui suffire. »

Tout cela est admirable, mais plus littéraire que philosophique. Le rêve de James Watt, le rêve de Thomas Edison, le rêve de Frédéric Joliot, ce n'est pas d'être arraché à leur être. C'est très nettement – l'histoire des techniques, même « repensée », le démontre abondamment – d'améliorer des productions *pour gagner de l'argent* : transformer des objets en billets de banque...

Cet idéalisme, dont nous avons vu de nombreuses manifestations dans notre parcours, conduit Brun à ce genre d'idée assez commune : « *la vocation de l'outil est de se transformer en arme, car toute machine devient tôt ou tard une machine de guerre. De plus en plus l'armée est l'industrie mobilisée* ». Si Jean Brun avait suffisamment repensé l'histoire des techniques, il aurait su que c'est très exactement le contraire !

Les premiers outils sont des moyens pour détruire le vivant[144], et toute l'histoire des techniques est une longue suite d'inventions d'abord guerrières qui deviendront éventuellement civiles. Les premières machines sont des machines de guerre (rappelons-nous le cheval de Troie). Le canon (invention du système cylindre-piston) vient avant la machine à vapeur. Les premiers ballons sont construits pour l'observation des armées ennemies. Et quand, en 1939, Frédéric Joliot comprend que l'on peut réaliser une « réaction en chaîne » dans un bloc d'uranium avec production d'énergie, son idée est immédiatement d'en faire une bombe[145].

Le livre de Brun est certes bien intéressant, et il faut lire ses analyses, souvent subtiles. Mais, comme tant d'autres, il n'a pu se résoudre à voir ce que la technique enseigne : la primauté – désespérante, ou « obscure », je le veux bien – de l'objet.

Poursuivons notre énumération.

1993 : Christoph Hubig, *Technik- und Wirtschaftsethik* ; Don Ihde, *Philosophy of technology : an introduction.*

1994 : Victor C. Ferkiss, *Nature, technology, and society. The cultural roots of the current environmental crisis* ; Friedrich Rapp, *Die Dynamik der modernen Welt. Eine Einführung in die Technikphilosophie* ; Bernard Stiegler, *La*

---

[144] Le caillou éclaté des premiers hominiens ne servait pas à tailler du bois pour faire de jolies choses, mais à tuer et dépecer des animaux. L'homme a inventé la hache du guerrier bien avant le ciseau du sculpteur.

[145] Invention de la production d'énergie nucléaire, brevet 976.541 déposé par Frédéric Joliot au nom du CNRS le 1er mai 1939.

technique et le temps. Tome 1. La faute d'Epiméthée ; Carl Mitcham, *Thinking through technology. The path between engineering and philosophy.*

Internet

En cette année 1994 où nous sommes arrivés dans notre énumération bibliographique, il y eut un événement de première dimension, de nature technique, mais avec des retombées sociales, économiques et politiques immédiates, de grande ampleur, et rapidement analysées par d'innombrables observateurs. C'est en 1994 que le réseau électronique Internet est rendu accessible au public. On sait que cet immense dispositif de câbles métalliques, de fibres optiques, de routeurs, d'ordinateurs n'a pas subitement été installé en 1994, mais qu'il résulte de longs efforts de recherche technologique et de nombreuses initiatives industrielles qui débutèrent au début des années 1960, quand l'idée vint aux constructeurs de *computers* de les relier entre eux. Cette idée de communication entre machines « intelligentes » allait bien sûr renforcer, chez certains, l'idée d'un « système technicien » autonome, aveugle, omniprésent, voire malfaisant.

Mais Internet fut rapidement adopté par des millions d'utilisateurs, et le philosophe peut se demander s'il ne s'agit pas là d'une innovation tellement importante qu'elle nécessiterait de refonder, sur de toutes nouvelles bases, la critique de la technique.

Nous sommes dix ans plus tard, et force est de constater qu'Internet est une technique comme les autres. Sa puissance spectaculaire n'est que la conséquence de tout ce qui l'a précédé dans l'histoire de la technique, depuis le premier caillou éclaté jusqu'aux « cerveaux électroniques » et jusqu'à la « théorie de l'information ». Dès que les ingénieurs du télégraphe comprirent qu'un message verbal pouvait être transformé en une suite finie de deux états d'un système physique quelconque (fumées des signaux optiques, impulsions électriques, positions d'un système mécanique...), le principe d'Internet était acquis. Il fallait évidemment mettre au point tout un appareillage d'une étonnante complexité, mais ce principe était là, et d'ailleurs très simple : tout (et pas uniquement les messages verbaux, mais également les sons et les images, comme le démontrèrent assez tôt la radio et la télévision) peut être transformé en suites d'impulsions électriques. Et comme un signal électrique se déplace à la vitesse de la lumière, dès que l'on a disposé d'équipements permettant d'agir suffisamment vite sur ces impulsions, la communication à longue distance pouvait s'envisager, y compris la messagerie électronique et la consultation *on-line* de documents (textes et images) situés à des kilomètres de l'utilisateur.

Il me paraît donc assez peu justifié d'élaborer une réflexion spécifique sur les effets d'Internet. C'est une technique parmi d'autres.

De nombreux commentateurs, cependant, ont lourdement insisté sur le pouvoir « fascinant » d'Internet, et plus généralement des techniques[146] électroniques de communication et de traitement de l'information. Et de rechercher les « racines existentielles » qui expliquent cette fascination et cette « déspatialisation et détemporalisation » que subit, avec un sentiment de plaisir qui peut aller jusqu'à l'addiction, l'utilisateur régulier d'Internet ou des jeux vidéo. L'utilisateur rechercherait la déréalisation, la désincarnation de sa propre existence. Habitant désormais un monde virtuel hors du temps et de l'espace, il serait heureux dans la mesure où il ne serait plus dans la (triste) réalité des choses. Sans compter un vif sentiment de puissance et d'invulnérabilité.

Cette brillante analyse faite des dizaines de fois par des dizaines de sociologues oublie trop souvent, nous semble-t-il, que déjà la même analyse avait été faite à propos du cinématographe, dès le début du XXème siècle, et oublie surtout que les lecteurs de l'*Iliade* et de l'*Epopée de Gilgamesh* – ou de la *Genèse* – étaient déjà « fascinés », « déspatialisés » et « détemporalisés ». Rien à voir avec la technique, finalement. Depuis que l'homme dispose du langage, il s'évade par moments de sa condition d'homme dans le temps, l'espace et

[146] Voir, avant Internet, le succès du Minitel, et plus récemment celui des téléphones portables. Sans compter les jeux électroniques.

les difficultés de l'existence : cela s'appelle littérature, religion, culture, rêve, comme on voudra. Internet ne fait qu'accélérer cette sortie momentanée du quotidien. Le philosophe notera (Pascal notamment l'avait dit dans une formule célèbre sur le divertissement) que déjà dans la simple conversation avec quelques amis, conversation qui ne fait pourtant appel à aucun moyen technique sophistiqué si ce n'est quelques chaises et peut-être un verre de vin ou quelques cigarettes, l'homme recherche la déréalisation et la désincarnation de sa propre existence. On en dirait autant du visiteur d'un musée ou de l'auditeur d'un concert. Dans la simple conversation, en répondant à son interlocuteur, en discutant politique ou football, l'homme s'oublie lui-même, et oublie les difficultés de son existence. La peur de la solitude, le philosophe le sait bien, c'est la peur de la réalité, celle de la souffrance et de la mort. Que l'on oublie aussi bien en parlant à des amis, en lisant un roman, qu'en *surfant* sur Internet.

L'importance d'Internet pour le philosophe de la technique, c'est que cette réalisation – indéniablement spectaculaire – montre à quel point la technologie est, comme nous l'avons dit, foncièrement communicationnelle. Internet nous montre tout ce que l'on peut faire avec la digitalisation : ramener toute réalité, ou presque, à des suites de positions A et de positions B[147]. Cela dit, Internet est un outil comme un autre, forcément plus puissant que ses prédécesseurs (signaux de fumée, télégraphe, radio...), comme la machine à vapeur est supérieure à la roue à eau et l'acier au bronze...

Revenons donc à notre chronologie.

1995 : Andrew Feenberg et Alastair Hannay, *Technology and the politics of knowledge* ; Andrew Feenberg, *Alternative modernity. The technical turn in philosophy and social theory* ; Christoph Hubig et Jürgen Albers, *Technikbewertung* ; Lorenzo Simpson, *Technology, time, and the conversations of modernity*.

---

[147] Nous n'écrivons pas, à dessein : « suites de 1 et de 0 », car il importe de comprendre que la digitalisation n'est pas nécessairement « numérique ».

Le livre *Alternative modernity* de Feenberg reprend et développe les idées volontaristes déjà exprimées en 1991. « *I argue*, dit dans sa préface le philosophe canadien, *from this constructivist premise to the possibility of reshaping the technical world around us. Technophobic ideologies of the sort that emerged in the mass culture and politics of the 1960s underestimate the potential for reconstructing modern technology. This potential is most clearly exemplified by the history of the computer* ». Le fait est, et ce n'est pas une remarque anodine, que les plus technophobes disposent aussi d'ordinateurs[148], de même que les terroristes les plus hostiles à la modernité savent se servir d'explosifs « occidentaux » et de fusils-mitrailleurs « technologiques ».

1996 : Gerhard Banse, *Technik zwischen Erkenntnis und Gestaltung. Philosophische Sichten auf Technikwissenschaften und technisches Handeln* ; Kurt Bayertz, *Moralischer Konsens. Technik Eingriffe in die menschliche Fortpflanzung als Modellfall* ; Günter Ropohl, *Ethik und Technikbewertung* ; Daniel Sarewitz, *Frontiers of illusion. Science, technology and the politics of progress* ; Bernard Stiegler, *La technique et le temps. Tome 2. La désorientation.*

1997 : Bertrand Hériard-Dubreuil, *Imaginaire technique et éthique sociale. Essai sur le métier d'ingénieur* ; Christoph Hubig, *Technologische Kultur* ; Carl Mitcham, *Thinking ethics in technology* ; François Dagognet, *L'essor technologique et l'idée de progrès.*

1998 : Jean-Claude Beaune, *Philosophie des milieux techniques. La matière, l'instrument, l'automate.*

1999 : Andrew Feenberg, *Questioning technology* ; Annemarie Gethmann-Siefert, *Wissenschaft und Technik als Gegenstand philosophischer Reflexion* ; Armin Grunwald et Stephan Saupe, *Ethik in der Technikgestaltung. Praktische Relevanz und Legitimation* ; Joseph C. Pitt, *Thinking about technology. Foundations of the philosophy of technology* ; Nestor A. Corona et Bernhard Irrgang, *Technik als Geschick.*

---

[148] Eventuellement pour diffuser des virus informatiques, nouvelle modalité du luddisme. Même pour détruire les machines, il faut encore des machines.

Geschichtsphilosophie der Technik ; Carl Mitcham et R. Shannon Duval, *Engineering ethics*.

Nous arrêterons ici notre chronique. Sans revenir encore une fois sur son évidente incomplétude. Même si nous n'avons certainement pas rendu justice à tous les « penseurs de la technique », nous avons essayé de donner un aperçu assez large de l'abondante littérature sur notre sujet, en tentant de ne privilégier ni les technophiles, ni les technophobes, ni les techno-indifférents. Nous avons au moins appris qu'il y a beaucoup à lire. La critique de la technique est certainement positive pour un groupe de techniciens : les imprimeurs.

LA TECHNOLOGIE FONDATRICE DE VALEURS

> *Le rapport de l'homme à l'objet n'est du tout seulement de possession ou d'usage. Non, ce serait trop simple. C'est bien pire.*
>
> *Les objets sont en dehors de l'âme, bien sûr ; pourtant, ils sont aussi notre plomb dans la tête.*
>
> (...)
>
> *L'homme, le plus souvent, n'étreint que ses émanations, ses fantômes. Tels sont les objets subjectifs.*
>
> *Il ne fait que valser avec eux, chantant tous la même chanson ; puis s'envole avec eux ou s'abîme.*
>
> (Francis Ponge, *Nouveau recueil*, 1967)

Ce qui me semble le plus frappant après la lecture (très incomplète) de deux siècles de réflexion sur la technique, c'est que la plupart des philosophes et des penseurs s'accordent à voir dans la technique un phénomène *humainement important* (et en général ceux qui ont résolu de penser la technique ne négligent pas de dénoncer le manque d'intérêt que les autres marquent pour le sujet), qu'ils sont unanimes pour considérer la technique comme *puissante*, que presque tous insistent, avec des accents divers, sur la *profonde altérité* entre la pensée technicienne et ce qu'ils appellent « la culture » ou « l'humanisme », et que finalement tous ou presque en reviennent toujours soit à l'Ame de Platon, soit au Juste milieu d'Aristote, soit à l'Un de Plotin, soit à la Pensée de Kant, soit à l'Esprit de Hegel, soit à l'Etre de Heidegger. Je veux dire qu'alors qu'ils admettent que la technique est importante, puissante, et qu'elle met en oeuvre des concepts différents de ceux de la philosophie traditionnelle, ils n'ont pas l'idée que peut-être ils pourraient – en tant que philosophies – tirer profit de cette importance, de cette puissance et de cette altérité. Ils pensent, presque tous, la technique « de l'extérieur », sans penser semble-t-il que c'est peut-être la technique qui pourrait renouveler, et foncièrement, la pensée philosophique. Et pourtant, ne faut-il pas se résoudre à pénétrer dans l'eau du lac si l'on veut apprendre à nager ?

Non pas que la philosophie manque d'une technique qui lui soit propre. Nous connaissons bien les moyens dont la philosophie dispose pour accomplir son oeuvre : terminologie, néologie, phraséologie, bibliographie, citations d'auteurs, et surtout cette incomparable capacité d'ambivalence que l'on ne retrouve pas dans la pratique des sciences « exactes », et seulement un peu dans celle des sciences « humaines ».

Mais à part l'usage de ces techniques-là (forgées déjà par les sophistes au Vème siècle avant notre ère), la philosophie est fort peu technicienne. Comment alors parlerait-elle de la technique ?

Et pourtant, on l'a vu, elle en parle. Mais suffit-il de parler pour dire ?

Ne serait-il pas temps d'admettre que la technique n'est pas seulement quelque chose qui donne à penser, mais qu'elle a peut-être quelque chose à donner à la pensée ?

Ce qui nous reste donc à faire, c'est de formuler le résultat de nos enquêtes et réflexions, et de proposer une définition de la technique – une ontologie de l'objet – en nous attachant surtout à essayer de tirer de cette définition quelques conclusions pour la connaissance et pour l'action. Nous ne craindrons pas de nous avancer dans le domaine des valeurs. Et nous le ferons avec cette idée, peut-être naïve, dont l'intérêt n'est peut-être qu'heuristique, ou qui peut-être donnera à penser, que le philosophe doit commencer par ne pas écarter trop vite l'idée que c'est peut-être la technologie qui a raison. Que son nom, terminé en λογος, n'est peut-être pas usurpé.

La technique, avons-nous vu, est l'ensemble des moyens dont l'homme dispose pour atteindre ses fins, c'est-à-dire pour tenter de répondre à ses besoins et à ses désirs. C'est ce que l'on appelle l'instrumentalité. Mais cette proposition n'est pas encore définitionnelle. Comme le dirait Heidegger, elle est exacte, mais elle n'est pas encore vraie.

C'est sur la nature des moyens de la technique que doit porter notre effort.

Tout philosophe a une idée assez claire de ce que c'est que « l'homme », et il a généralement aussi une conception assez précise des « besoins et désirs » humains.

Mais en quoi les moyens « techniques » sont-ils différents des moyens magiques, religieux, rhétoriques ou instinctuels dont l'homme se sert, éventuellement, pour tenter de répondre à ses besoins et à ses désirs ?

C'est ici que nous ne pouvons écarter l'efficacité, et que nous ne pouvons nier que cette efficacité est liée à la vérification[149]. Ce qui distingue l'acte technique de l'opération magique ou de la production artistique, c'est qu'il y a un effet sur les choses, mieux, une transformation des choses, et que cet effet est *vérifié* par le technicien. Bien sûr, aux débuts de l'histoire, l'homme ne distingue pas magie et technique, comme nous l'avons rappelé, et la production des métaux par les fondeurs de cuivre a été vécue comme aussi « magique » que les envoûtements et les cérémonies des faiseurs de pluie. Ou, ce qui revient au même, la pluie était considérée comme le résultat d'une « technique » aussi bien que l'obtention de cuivre ou de bronze fondu.

Et il ne faut pas remonter au début de l'histoire. Aujourd'hui, à Paris ou à New York, la ménagère de moins de cinquante ans, qui a été à l'école pendant douze ans ou plus, qui sait lire, écrire et même calculer, lit dans le même esprit

---

[149] C'est peut-être le sens de l'épistémologie de Karl Popper, dont la pensée, pourtant centrée sur les évidences de l'expérimentation et de la « falsifiabilité », n'a guère abordé la technique.

d'espoir son horoscope, un livre de recettes culinaires, ou la notice d'un médicament sorti d'un laboratoire où l'on met en oeuvre la synthèse chimique et la biologie moléculaire. Elle ne distingue pas davantage que son ancêtre du Néolithique le « technique » du « magique ». C'est que les besoins et les désirs de l'homme sont éternels : manger, obtenir de beaux objets brillants et inaltérables, connaître l'avenir...

Mais enfin, tous ces penseurs que nous avons cités, les Ellul, Marcuse, Spengler, Ihde, Mitcham, Simondon, etc., savent bien faire la distinction entre le technique et le magique. Il est inutile que nous insistions. Aujourd'hui, ceux qui méritent d'être appelés des intellectuels le savent bien : la technique est efficace (trop efficace même, pour certains), la magie ne l'est pas.

C'est donc bien cette efficacité qui est spécifique de la technique. Efficacité, vérifiabilité, ce sont en fait des idées qui renvoient à celle de causalité, et l'on comprend peut-être mieux les courants divers de la philosophie moderne – peu concernée par la technique – si l'on se souvient que c'est justement cette question de la causalité qui est à l'origine de la méditation de Kant. Les apories inextricables dont ne parviennent pas à sortir des penseurs comme David Hume, quand il est question d'établir une relation vraie entre d'une part un avant et un après et d'autre part une cause et un effet, ne sont qu'une autre manière d'exprimer l'incapacité de l'esprit humain de sortir de la dualité entre l'objet et le sujet. Dès qu'un homme pense, il pense forcément *à quelque chose*.

Mais il faut comprendre que cette efficacité comporte une limite, et que c'est justement cette limitation de l'efficacité technicienne qui est spécifique de la technique.

L'ingénieur est efficace quand il construit des ponts. Mais il y a des ponts qui s'écroulent. L'ingénieur est efficace quand il installe des ordinateurs et des logiciels. Mais il y a des « systèmes informatiques » qui se bloquent.

L'échec fait partie de la technique. La panne fait autant partie du monde de l'ingénieur que le bon fonctionnement. D'où le développement d'une théorie de la fiabilité. Si bien que la différence entre la magie et la technique n'est pas aussi claire que l'on pourrait croire, d'où d'ailleurs également le maintien des superstitions[150], y compris dans les sociétés les plus industrialisées.

Les moyens dont dispose la technique sont donc des moyens dont l'efficacité est réelle, mais limitée, calculable et vérifiable. Cela peut paraître banal, mais c'est pourtant là que se situe l'*essence* du technique. Quand l'homme préhistorique confectionne un couteau en pierre taillée ou polie, il pourra vérifier : le tranchant coupe. Quand les ingénieurs de la NASA lancent un satellite de télécommunication, ils pourront vérifier : le satellite est effectivement observable à tel moment à tel endroit, moment et endroit précalculés avec une précision surprenante, les émissions de TV seront effectivement transmises, dans des conditions également précalculées.

J'ai beaucoup insisté sur la distinction à faire entre technique et technologie (et nous avons vu que Heidegger faisait une distinction assez semblable entre technique traditionnelle et technique moderne). Je ne retire rien de ce que j'ai dit ni, à ce propos, de ce qu'a dit Heidegger. Mais cette distinction n'est pas une opposition d'*essence*. Il y a une continuité, disons « épistémologique », entre la technique des premiers singes anthropomorphes manipulateurs d'outils et la technologie de la NASA, de Microsoft et de Boeing. Cette continuité est rarement aperçue par les non-techniciens, qui ne conçoivent pas que les mêmes mécanismes intellectuels soient mis en oeuvre pour tailler un bout de bois et pour lancer une sonde vers Jupiter ou Saturne. C'est pourtant ce que l'on apprend dans les écoles d'ingénieurs. Les mêmes équations (celles de Newton) sont utilisées aussi bien pour calculer les positions d'une sonde spatiale que pour déterminer la trajectoire d'un caillou lancé à la main. Ajoutons que ces équations, qui prennent en compte dans leurs développements les innombrables paramètres qui déterminent des trajectoires complexes grâce à d'impressionnants moyens mathématiques, sont basées sur la très simple relation F = m.a, qui n'est qu'une

---

150 Il n'y aurait pas de « médecines parallèles » si la « médecine officielle » guérissait tout.

manière algébrique d'écrire le principe de causalité. A la cause F (la force) correspond l'effet, calculable, a (l'accélération du mobile de masse m).

Qu'il s'agisse de la technique la plus primitive ou de la technologie la plus avancée, c'est bien la même *chose* : la soumission (il n'y a pas moyen de faire autrement) à l'*objet*.

Le tailleur d'un morceau de bois ne peut pas obtenir n'importe quoi : son résultat dépend du bois. L'ingénieur concepteur de satellites artificiels et de sondes spatiales ne peut pas obtenir n'importe quoi non plus : il doit tenir compte de la pesanteur terrestre, du point de fusion des alliages, de la distance entre les planètes, des caractéristiques de la combustion de l'hydrogène, etc. C'est par la vérification que vient « le progrès technique » et que se forme « la science ». Quand le faiseur de pluie finit par remarquer qu'il pleut parfois quand il n'a rien fait, il commence à *penser*.

Ainsi donc, si la technique, comme disait Heidegger, « *exprime l'exigence de provoquer la nature à fournir et à assurer de l'énergie* », c'est parce que le technicien a appris ce que la nature peut lui fournir. C'est par la connaissance de l'objet que le technicien modèle l'objet pour ses besoins et ses désirs, constatant d'ailleurs que ses besoins et ses désirs ne seront pas tous satisfaits. C'est ce que nous avons exprimé en disant que la technique apprend à parler le langage de l'objet.

Remarque importante : le technicien apprend à obtenir, mais surtout il apprend les limites de ce qu'il peut obtenir.

Une grande avancée de la technique, par exemple[151], est de « découvrir » que la machine à vapeur (et d'ailleurs n'importe quelle machine thermique) ne peut pas avoir un rendement supérieur à $1 - T_1/T_2$, T_1 et T_2 étant les températures absolues de la source froide et de la source chaude. La formule d'Einstein $E = m.c^2$ est également bien connue. Elle exprime cette autre limitation de la technique que l'on ne peut obtenir,

---

[151] Que l'on peut dater de la période 1824-1834, avec les travaux de Sadi Carnot et d'Emile Clapeyron fondant la thermodynamique. Voir notre livre *De la machine au système*, déjà cité.

par fission nucléaire ou fusion nucléaire, une énergie supérieure à $m.c^2$, m étant la masse de matière annihilée[152].

Il résulte de ces « lois de limitation » que le technicien connaît les limites de son « pouvoir ». Malgré l'efficacité de la technique, il n'est pas possible de donner, à 7 milliards d'hommes sur la planète Terre, et quel que soit le régime politique organisant cette collectivité, le « niveau de vie » que connaissent aujourd'hui certains hommes privilégiés. C'est la dure loi de la technique. C'est ce que nous avons appelé le langage de l'objet.

On voit ainsi la connaissance de l'objet acquise par la technique et par ses vérifications[153] préciser de mieux en mieux les limites des possibilités de l'homme d'agir sur l'objet. C'est-à-dire d'agir sur ses besoins et ses désirs.

Nous pouvons maintenant affiner notre définition : la technique est l'ensemble des moyens, *efficaces et limités*, dont l'homme dispose pour répondre à ses besoins et à ses désirs.

D'où viennent à la fois l'efficacité et la limitation des moyens techniques ? Evidemment de l'objet.

On trouve dans ce texte de Heidegger que nous avons déjà plusieurs fois sollicité cette expression : « *la domination*

---

[152] Une autre conséquence de cette loi d'équivalence énergie-matière est qu'il est impossible de dépasser la vitesse-limite de 300.000 km/s. C'est la vitesse à laquelle se déplace l'information d'un émetteur radio à un récepteur. C'est encore une des limites de la technique.

[153] L'historien des sciences peut accumuler les exemples de ces vérifications, qui sont autant de moments décisifs dans l'avancée de la pensée scientifique. En 1543, André Vésale vérifie (à l'aide du moyen technique que constitue son scalpel) certaines limitations de l'objet « corps humain ». En 1783, Antoine-Laurent de Lavoisier vérifie (à l'aide d'une balance) les limitations de l'objet « eau » : celle-ci est formée de deux gaz (qu'il dénommera l'oxygène et l'hydrogène) dans des proportions définies. On ne peut, quels que soient les moyens techniques employés, obtenir plus de 111 kilos d'hydrogène à partir d'une tonne d'eau. En 1953, l'Américain James Watson (à l'aide d'un spectrographe à rayons X) vérifie les limitations de la modification de l'hérédité des êtres vivants. Quels que soient les moyens, il faut agir sur l'ADN. Etc.

illimitée de la technique moderne (sur la nature) »[154]. Voilà bien une marque de totale incompréhension de la technique : s'il y a une chose que connaît le technicien, c'est que sa domination de la nature est forcément *limitée*. Et, comme nous l'avons vu, le technicien a même déterminé ces limites dans ses formules. La résistance des matériaux, un des domaines les plus caractéristiques de la science de l'ingénieur, est basée sur les notions de « limite d'élasticité » et de « limite de rupture ».

Car connaissant de mieux en mieux l'objet, le technicien apprend de mieux en mieux ce qu'il peut en faire.

Nous voyons bien que nous en revenons à l'empirisme, voire à l'atomisme de Démocrite. Nous ne le nions pas. Mais il nous semble qu'il y a tout de même une différence, au moins quantitative, entre l'idée empirique des atomistes grecs ou la théorie de la connaissance des empiristes anglais et notre épistémologie basée sur la technique : la preuve écrasante par les outils, les machines et les systèmes.

Démocrite, sans doute, réfléchissait à partir des grains de sable ou des gouttes d'eau. Locke et Hume pensaient à partir d'un morceau de cire. Nous disposons, pour constater que l'on a effectivement acquis une certaine connaissance de l'objet, de milliards de postes téléphoniques, de millions d'ordinateurs, de milliers de satellites artificiels, de centaines de centrales électronucléaires... Le philosophe ne doit-il pas en tenir compte ?

Et après la vérification, il y a la répétitivité. Non seulement « ça marche », mais ça marche plusieurs fois, et même autant de fois qu'on veut. D'où le passage de l'empirisme (la connaissance par l'objet) au rationalisme (l'objectivation de la connaissance).

Le langage de l'objet est constant : l'hydrogène est combustible, *toujours* ; le silicium est semi-conducteur, *chaque fois* ; le piston pousse la bielle, *à chaque explosion* du mélange d'air et de carburant. Cette régularité de l'objet peut être appelée rationalité.

[154] M. Heidegger, *op. cit.*, p. 24.

Si bien que notre définition devient : la technique est l'ensemble des moyens *rationnels* dont l'homme dispose pour répondre à ses besoins et à ses désirs.

La technique, pour paraphraser Bachelard, est le rationalisme appliqué. La technique est la preuve du rationalisme.

Ou : la raison et l'objet sont les deux faces d'une même réalité ontologique, la possibilité de la raison de modifier l'objet conformément à un projet préétabli étant la preuve de la participation au même être de l'objet (technè) et de la raison (logos). La techno-logie est ainsi le signe permanent, dans l'environnement quotidien et familier de l'homme (du *Dasein*, qui satisfait ses besoins), de ce que l'objet, la raison, et le temps, sont tissés d'un seul et même principe, pour en revenir à l'intuition fondamentale et indépassable des physiciens de Milet.

La technique – et mieux encore la technologie – est donc fondatrice d'une valeur, souvent oubliée, voire méprisée par l'intelligentsia, disciplinée par Platon et par Aristote (surtout par Platon), scolarisée par Hegel et Heidegger (surtout par Heidegger) : l'efficacité.

Le « bien » et le « beau » sont des aspirations sentimentales ou des constructions idéologiques – et d'ailleurs leur relativité intrinsèque les disqualifie. Seule l'efficacité, forcément « universelle », s'impose.

Mais l'efficacité est intimement liée à la vérité, puisque c'est de la vérité trouvée dans l'objet que le technicien tire l'efficacité de son action.

La technologie, si décriée par tant de penseurs comme destructrice des « valeurs humaines », est ainsi, au contraire, fondatrice de valeurs, et de valeurs non découvertes dans le ciel étoilé ou dans l'examen de conscience ou dans des livres très anciens, mais venant de l'objet, du monde, de la condition terrestre et corporelle de l'homme, et irréfragables.

Certes, ces vérités sont bien souvent décevantes : elles fixent des limites à nos rêves.

Mais c'est, dans le sens fort de ces deux mots, ***l'objet qui a raison***.

La technologie, qui nous montre le vrai et l'efficace, nous indique aussi les limites mêmes du bien-être humain possible, du moins de son bien-être terrestre.

La technologie est le contraire de l'illusion.

La technologie révèle les limites de l'homme, de son action sur ses besoins et sur ses désirs.

Le message est rude.

La philosophie de la technique, du moins telle que je la conçois, comme une soumission à la fois humble et volontariste à l'objet, n'enthousiasmera pas les foules, et ne promet pas de lendemains plus enchanteurs que ceux que nous avons connus. Pire même : elle commence à nous décrire d'inéluctables déchéances. De bien tristes vérités.

J'en suis désolé.

Je ne suis pas marchand de bonheur.

TABLE DES MATIERES

Ouverture Philosophique

Collection dirigée par Dominique Château, Agnès Lontrade et Bruno Péquignot

Une collection d'ouvrages qui se propose d'accueillir des travaux originaux sans exclusive d'écoles ou de thématiques.
Il s'agit de favoriser la confrontation de recherches et des réflexions qu'elles soient le fait de philosophes "professionnels" ou non. On n'y confondra donc pas la philosophie avec une discipline académique ; elle est réputée être le fait de tous ceux qu'habite la passion de penser, qu'ils soient professeurs de philosophie, spécialistes des sciences humaines, sociales ou naturelles, ou… polisseurs de verres de lunettes astronomiques.

Déjà parus

Stéphane VINOLO, *René Girard : Du mimétisme à l'hominisation. « La violence différante »*, 2005.
Howard HAIR, *Qu'est-ce que la philosophie ?*, 2005.
Sylvie MULLIE-CHATARD, *De Prométhée au mythe du progrès. Mythologie de l'idéal progressiste*, 2005.
Raymond PERROT, *De la narrativité en peinture. Essai sur la Figuration Narrative et sur le figuration en général*, 2005.
Robert PUJADE, *Art et photographie : la critique et la crise*, 2005.
Jean-Luc PÉRILLIÉ, *Symmetria et rationalité harmonique*, 2005.
Benoît AWAZI MBAMBI KUNGUA, *Donation, saturation et compréhension*, 2005.
Jean METAIS, *Pour une poétique de la pensée : l'art du possible*, 2005.
José Thomaz BRUM, *Schopenhauer et Nietzsche. Vouloir-vivre et volonté de puissance*, 2005.
Vladimir JANKELEVITCH, *L'odyssée de la conscience dans la dernière philosophie de Schelling*, 2005.
Céline CORDIER, *Devoir d'ingérence et souveraineté nationale*, 2005.
Bernard HONORE, *L'Epreuve de la présence*, 2005.
Yann LAPORTE, *Gilles Deleuze, l'épreuve du temps*, 2005.
Jean-Marc GABAUDE, *La philosophie de la culture grecque*, 2005.

617524 - Août 2015
Achevé d'imprimer par
1livre.com
du rêve à la réalité !

Printed in Dunstable, United Kingdom

91218261R00100